碳基材料的结构和性质的高压研究

董恩来　胡　阔　王梦璐　著

本书数字资源

北　京
冶金工业出版社
2023

内 容 提 要

本书聚焦碳基材料，介绍了层状和块体的 g-C_3N_4 以及碳纳米管在高压下的结构和物性的变化。内容包括如何利用压强改变碳基材料中的 π 电子分布，调控材料的电子结构，进而影响材料的光、电等性质，验证了高压可以进一步破坏 π 轨道，使其成键也可以形成异于常态结构与性质的高压新相，为构筑材料的新结构、新性质提供了思路。

本书中涉及 X 射线衍射测试、拉曼光谱分析测试、红外光谱分析测试、理论计算和高压科学技术，可供侧重碳基材料的结构、理论计算和高压科学领域的学者和研究生参考阅读。

图书在版编目（CIP）数据

碳基材料的结构和性质的高压研究/董恩来，胡阔，王梦璐著. —北京：冶金工业出版社，2023.12

ISBN 978-7-5024-9705-7

Ⅰ. ①碳… Ⅱ. ①董… ②胡… ③王… Ⅲ. ①碳/碳复合材料—高压相变—研究 Ⅳ. ①O521

中国国家版本馆 CIP 数据核字（2023）第 253832 号

碳基材料的结构和性质的高压研究

出版发行	冶金工业出版社	电　　话	(010)64027926
地　　址	北京市东城区嵩祝院北巷 39 号	邮　　编	100009
网　　址	www.mip1953.com	电子信箱	service@ mip1953.com

责任编辑　于昕蕾　王雨童　　美术编辑　吕欣童　　版式设计　郑小利
责任校对　范天娇　　责任印制　禹　蕊

北京印刷集团有限责任公司印刷
2023 年 12 月第 1 版，2023 年 12 月第 1 次印刷
710mm×1000mm 1/16；6 印张；118 千字；90 页
定价 58.00 元

投稿电话　(010)64027932　投稿信箱　tougao@ cnmip.com.cn
营销中心电话　(010)64044283
冶金工业出版社天猫旗舰店　yjgycbs.tmall.com
（本书如有印装质量问题，本社营销中心负责退换）

前　　言

　　物质的结构是材料的宏观性质和开发其潜在应用的基础，可以通过掺杂或者改变其外部条件（压强、温度等）方法影响其微观原子的排列，进而改变材料宏观的性质。压强能够有效地改变原子间相互作用，甚至诱导原子间的成键变化，调控材料的电子结构，进而影响材料的物理、化学性质，是构筑新材料、发现新效应的一种重要手段。

　　碳、氮原子都具有灵活多变的成键方式，其同素异形体在高压下通常会展现出丰富的结构和性质变化，是寻找和构筑性能优异和结构新奇的碳基材料的重要途径。众所周知，石墨层内碳原子通过三个 σ 键结合成六边形蜂窝网状结构，而垂直石墨层的 p_z 轨道可与层内近邻碳原子形成离域 π 键，层间通过范德瓦尔斯力结合。通过压强调控石墨层间的 π-π 作用使轨道再次杂化能够有效地改变材料的电学、光学和力学性质。比如利用单轴压强压缩不同层数、堆垛形式的石墨或石墨烯，研究人员发现两层 AA-堆垛的石墨烯的层间 π 电子更易被压强调控到层内六元环中，因此表现出异常的可压缩性质。

　　相比于石墨，sp^2 杂化键合的石墨相 $g-C_3N_4$、碳纳米管等是近年来研究的热点材料，它们具有不同于石墨的 π 电子分布，在催化、光学、力学等方面展现出优异的性能。通过压强探究这些材料体系中 π-π 相互作用，甚至使轨道再次杂化，能够深入认识其结构与性质，为构筑新的功能材料提供理想的候选材料和丰富的来源。本书介绍了少层石墨相 g-C_3N_4 和体相 g-C_3N_4 在高压下的结构和性质，发现层间相互作用可以影响芳香环形的氮和碳原子的 π 电子的分布，进而改变材料的荧光性质，为碳氮材料的能带工程开辟了一条新的途径，能够有效地提高碳氮材料的光利用率，提高材料的光催化和光学性能。

不同于平面层状结构的石墨，单壁碳纳米管可看成是由单层石墨烯卷曲而成的具有中空管状结构的 sp^2 碳材料，管状结构中 p_z 轨道重新杂化成 sp^3 杂化轨道可使碳纳米管间发生聚合，进而形成新的具有优异力学性能的碳结构，其结构与碳纳米管直径、螺旋性密切相关，具有丰富的可调性。本书选取管径范围为 $4\times10^{-10}\sim16\times10^{-10}$ m 的扶手椅形、之字形碳纳米管为研究对象，通过理论模拟的方法，对它们高压下的结构转变、新碳相的结构与性质展开了深入研究。在高压下获得了 4 种硬度接近金刚石的新的 sp^3 超硬碳结构，且其带隙可调，分布在 2.6~5.2 eV 之间。其中（19，0）碳纳米管聚合而成的新碳结构（K-carbon）带隙只有金刚石的一半，而硬度媲美金刚石达 83 GPa，是一种潜在的新型超硬多功能材料。这为构筑新型多功能超硬碳结构提供了理论基础。

本书第 1~3 章由董恩来撰写，第 4~6 章由胡阔撰写，本书的作图和参考文献收集由王梦璐负责。全书由董恩来统稿。由于著者水平所限，书中难免有不妥之处，恳请读者批评指正。

著 者
2023 年 7 月

目 录

1 绪论 …………………………………………………………………… 1
  1.1 碳氮材料的成键方式 ……………………………………………… 1
  1.2 石墨相碳氮材料与碳纳米管 ……………………………………… 3
    1.2.1 石墨相碳氮材料的结构与性质 …………………………… 3
    1.2.2 碳纳米管的结构与性质 …………………………………… 5
  1.3 石墨相碳氮材料的合成与应用 …………………………………… 6
    1.3.1 石墨相碳氮材料的合成概述 ……………………………… 6
    1.3.2 少层石墨相碳氮材料的制备 ……………………………… 6
    1.3.3 石墨相碳氮材料的应用 …………………………………… 10
  1.4 高温高压下石墨相碳氮材料的研究现状 ………………………… 15
    1.4.1 高温、高压下石墨相碳氮稳定性的研究 ………………… 16
    1.4.2 高温、高压下石墨相碳氮合成超硬相的研究现状 ……… 17
    1.4.3 高温、高压下石墨相碳氮的改性研究现状 ……………… 21
  1.5 高压下碳纳米管的研究现状 ……………………………………… 23
  1.6 本书的研究意义 …………………………………………………… 25
  1.7 本书的主要内容 …………………………………………………… 26

2 高压实验技术及理论方法 …………………………………………… 27
  2.1 金刚石对顶砧装置 ………………………………………………… 28
  2.2 压强标定 …………………………………………………………… 29
  2.3 传压介质 …………………………………………………………… 29
  2.4 高压实验技术 ……………………………………………………… 30
    2.4.1 红外光谱 …………………………………………………… 30
    2.4.2 荧光光谱 …………………………………………………… 30
    2.4.3 场发射扫描电子显微镜及透射电子显微镜 ……………… 33
  2.5 理论基础与计算方法 ……………………………………………… 33
    2.5.1 交换关联函数 ……………………………………………… 34
    2.5.2 硬度的理论计算方法 ……………………………………… 34

3 少层石墨相碳氮材料的合成及其催化性质 ········ 37

3.1 研究背景 ········ 37
3.2 实验方法 ········ 38
3.2.1 试剂介绍 ········ 38
3.2.2 光催化剂合成 ········ 39
3.2.3 样品表征 ········ 39
3.2.4 光催化实验 ········ 39
3.3 研究结果与讨论 ········ 39
3.4 本章小结 ········ 44

4 二维层状 g-C_3N_4 的构筑及其高压结构与光学性质 ········ 45

4.1 研究背景 ········ 45
4.2 实验与理论方法 ········ 46
4.2.1 样品制备 ········ 46
4.2.2 高压实验方法 ········ 46
4.2.3 理论计算方法 ········ 46
4.3 研究结果与讨论 ········ 46
4.3.1 FL-CN 样品在低压下的结构变化与压致荧光增强现象 ········ 46
4.3.2 FL-CN 样品在高压下的结构变化与荧光调控 ········ 49
4.4 本章小结 ········ 53

5 体材料 g-C_3N_4 在高压下异常的荧光增强及其间接带隙到直接带隙转变 ········ 55

5.1 研究背景 ········ 55
5.2 实验与理论方法 ········ 56
5.2.1 高压实验方法 ········ 56
5.2.2 理论计算方法 ········ 56
5.3 研究结果与讨论 ········ 56
5.4 本章小结 ········ 63

6 单壁碳纳米管的高压聚合及其新结构 ········ 64

6.1 研究背景 ········ 64
6.2 理论计算方法 ········ 65
6.3 研究结果与讨论 ········ 65
6.4 本章小结 ········ 78

参考文献 ········ 79

1 绪 论

碳（C）、氮（N）是组成生命体的重要元素，具有丰富的成键形式，构成了种类繁多的单质和化合物[1-7]。从金刚石、石墨、富勒烯、碳纳米管到石墨烯，从 C_3N_4、C_2N 到 C_3N，因碳氮材料优异的物理、化学性质，在传感器、光电器件、超硬材料等方面展现了广阔的应用前景[8-12]。在碳、碳氮材料中原子通常以 sp^2 杂化方式参与成键，其中比较常见的是石墨，石墨层内通过 σ 键连接，层间 p_z 轨道上的电子进一步形成离域 π 键[13]。通过调控层间离域 π 电子，石墨可以表现出迥异的电学、光学、力学性质[14-16]。研究人员发现，利用石墨层间 π 电子，通过 π-π 相互作用能够有效地减小聚合物堆垛之间的距离，提高电荷传输性能，进而构筑高性能场效应晶体管[17]。当石墨层间作用增强，p_z 轨道进一步杂化，可以获得超硬的金刚石材料[18]。相比而言，石墨相碳氮材料与碳纳米管具有不同于石墨的 π 电子分布，能够表现出优异的光催化制氢、超高的弹性模量等性质[19-29]。石墨相 g-C_3N_4 不仅是优异的催化剂，也是良好的荧光材料。常压下，g-C_3N_4 发光与 π→π* 跃迁密切相关[30-32]，通过压强调控 π 电子作用有望改变材料的电子结构以及荧光性质。对于单壁碳纳米管，可看作是由单层石墨烯卷曲而成的具有中空管状结构的 sp^2 碳材料，不同于平面层状结构的石墨，管状结构中 p_z 轨道重新杂化成 sp^3 杂化轨道可使碳纳米管间发生聚合，进而形成具有优异力学性能的新的碳结构，其结构与碳纳米管直径、螺旋性密切相关，具有丰富的可调性[33-35]。

高压作为一种极端的物理条件，它能缩短原子间距离，改变原子间的相互作用，甚至是成键方式。比较典型的例子是高压诱导 sp^2 杂化的石墨转变为 sp^3 杂化的金刚石。将碳基材料与高压技术相结合，不仅有助于加深对碳基材料 π 电子的分布、成键的理解，也有助于研究与探索性能优异、结构稳定的碳基材料。

1.1 碳氮材料的成键方式

碳、氮分别位于元素周期表的第二周期ⅣA、ⅤA族。因为其灵活多变的杂化方式：sp、sp^2、sp^3，可以形成多种多样的同素异形体。不论是 sp 和 sp^2 杂化的石墨炔，还是 sp^2 杂化的碳纳米管、石墨烯、C_2N、C_3N、g-C_3N_4，抑或是 sp^2 杂化的石墨向 sp^3 杂化的金刚石转化，在探讨成键、电子间相互作用时，都离不

开 π 电子。因此理解、讨论 π 电子在其中起到的作用是深入研究碳基材料结构与性质的重要领域。如图 1-1 所示，π 电子是由轨道肩并肩重叠而形成的。

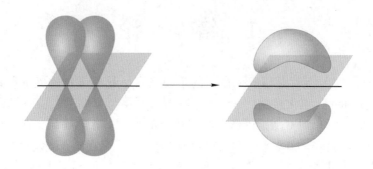

图 1-1　π 轨道电子形成示意图

在元素周期表中，不同的元素具有不同的核外电子数，根据轨道理论，在描述单原子的波函数时，引入 n（主量子数）、l（角量子数）、m（磁量子数）分别代表电子的能量、角动量和角动量方向。而角量子数又可以分为：$l=0$（锐系光谱）、$l=1$（主系光谱）、$l=2$（漫系光谱）等。而对于碳、碳氮材料来说，π 轨道电子一般是由 2p 轨道构成的，因此本书将着重讨论 2p 轨道的电子分布问题。第二周期原子电子轨道示意图如图 1-2 所示。为进一步了解碳基材料的电子尤其是 π 电子分布，本书模拟了 g-C_3N_4 和碳纳米管的电子分布图，如图 1-3 所示，可以看到在图 1-3（a）g-C_3N_4 平面外与图 1-3（b）碳纳米管的管壁外都有 π 电子分布。

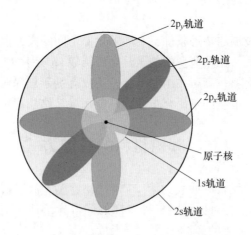

图 1-2　第二周期原子电子轨道示意图

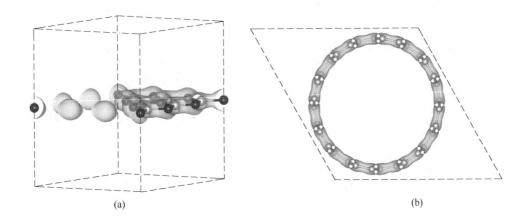

图 1-3 g-C_3N_4 与碳纳米管的电子分布图
(a) g-C_3N_4；(b) 碳纳米管

1.2 石墨相碳氮材料与碳纳米管

1.2.1 石墨相碳氮材料的结构与性质

碳氮材料最早可以追溯到 1834 年，由 Berzelius 和 Liebig 首次报道。经历了百年的沉寂，直到 1996 年 Teter 和 Hemley 报道了四种可能的超硬结构[36]。2006 年，王心晨报道了石墨相碳氮材料在光催化制氢领域的研究进展，g-C_3N_4 自此以后一跃成为明星材料[37]。要了解一个材料，首先要明确它的结构。如图 1-4 所示，根据重复单元的不同，研究人员提出了一系列石墨相碳氮结构，按照层内堆垛不同大致分为"三嗪（图 1-4（a）（b））和为重复单元的三均三嗪（图 1-4（c）（d））两大类"[38-40]。从成键角度看，层内是 C—N 电子云头对头形成的 σ 键，层外是碳、氮 p_z 轨道上的离域电子肩并肩形成的共轭大 π 键。通过理论方法模拟这四种结构的能量，发现图 1-4（c）六方结构相对于其他结构能量更低、更稳定。而后 Gracia 等人通过分子动力学模拟发现，N 上的孤对电子产生排斥力，导致层间发生扭曲。因此提出了一种相对稳定的正交相层状结构，层内以三均三嗪环为骨架且呈现弯曲的纽扣状[41]。不仅如此，实验中也报道了相应的结构。Lin 等人在 2016 年报道了一系列实验中合成的碳氮结构，如图 1-5 所示，并对它们的光催化性能进行了系统的研究[42]。

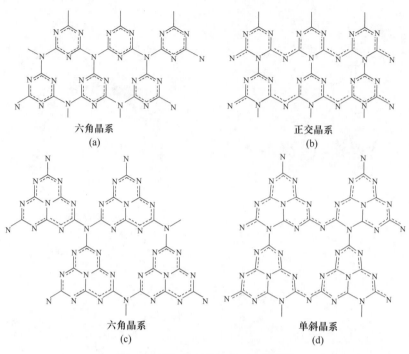

图 1-4　碳氮的晶体结构示意图[38]

(a)(b) 以三嗪为骨架的石墨相碳氮结构；(c)(d) 以三均三嗪为骨架的石墨相碳氮结构

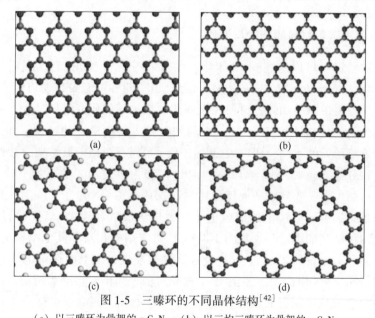

图 1-5　三嗪环的不同晶体结构[42]

(a) 以三嗪环为骨架的 g-C_3N_4；(b) 以三均三嗪环为骨架的 g-C_3N_4；
(c) 蜜瓜胺；(d) PTI 结构

(灰色球、蓝色球、白色球分别代表 C、N、H 原子)

图 1-5 彩图

1.2.2 碳纳米管的结构与性质

1991 年，日本科学家 Sumio Iijima 首次报道发现了碳纳米管。如图 1-6 所示，单壁碳纳米管可以看作由单层的石墨烯片层按照一定方向卷曲构造。类似于石墨，碳纳米管中的碳也是通过 sp^2 杂化成键，且每个碳原子和周围的三个碳以 σ 键连接，键长为 $1.42×10^{-10}$ m。由于这种卷曲的石墨构型，垂直于六元环面外 p_z 轨道的 π 电子在碳纳米管内外形成离域大 π 键。不同螺旋性、管径大小和管壁层数的碳纳米管具有不同的性质，进而表现出广阔的应用前景[43-45]。如图 1-6 所示，a_1 和 a_2 分别代表两个基矢方向，根据手性角（螺旋角）θ 不同，可以将碳纳米管进行分类。当 θ = 0° 即 m = 0 时，称为之字形（zigzag）碳纳米管；当 θ = 30° 即 n = m 时，称为扶手椅形（armchair）碳纳米管；当 n>m≠0，称为手性碳纳米管。按照管壁层数可以分为多壁碳纳米管（multi-walled carbon nanotubes，MWCNTs）和单壁碳纳米管（single-walled carbon nanotubes，SWCNTs）。图 1-7 所示为单壁碳纳米管的典型拉曼光谱图，其中 RBM 是径向的呼吸振动模式[46]，通过呼吸振动模可以判断碳纳米管的直径大小与管子类型[47]；D-能带振动峰的强度越弱代表碳纳米管的缺陷越少、纯度越高[48-50]；G-能带一般可以用几个峰进行拟合，它起源于石墨 E_{2g} 层内振动模在卷曲形成碳纳米管时发生的劈裂[51]。研究人员发现管壁卷曲方式不同，表现出的电学性质也不同[52-53]。因此碳纳米管在阴极彩色显示器样管、电极材料、触摸屏材料和储氢容器等方面有广阔的应用前景。

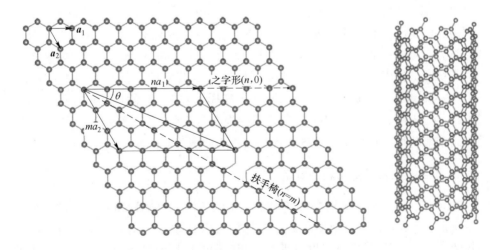

图 1-6　石墨卷曲碳纳米管结构示意图

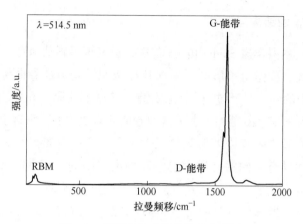

图 1-7 单壁碳纳米管的拉曼光谱图

1.3 石墨相碳氮材料的合成与应用

1.3.1 石墨相碳氮材料的合成概述

石墨相碳氮作为一种由简单元素构成的聚合物，合成方法也是多种多样[54-55]。普遍采用三聚氰胺（$C_3H_6N_6$）[56-57]、氨基氰（NH_2CN）[58]、双氰胺（$C_2H_4N_4$）[59-60]、尿素（CH_4N_2O）[61-63]和硫脲（CH_4N_2S）[64-65]为前驱物通过加热聚合的方法合成，图 1-8 为加热聚合时采用的不同前驱体的分子结构式和相应合成石墨相碳氮所需要的温度。不仅如此，石墨相碳氮的合成方法有溶剂热[66-68]、超声波加热[69]、固相反应[70-72]和电化学沉积[73-74]等。因为聚合反应过程的不可控性，不可避免地会引入氧掺杂、N—H 的悬键，以及未完全聚合的蜜勒胺。石墨相碳氮具有较宽的 X 射线衍射（X-ray diffraction，XRD）峰和较强的荧光背底。利用热重可以有效地分析材料中 $g-C_3N_4$ 的含量。如图 1-9 所示，Yuan 等人通过热重分析，发现在封闭管子内烧结 $C_3H_6N_6$ 能够获得纯度高达约 90% 的 $g-C_3N_4$ 样品[31]。在 100 ℃时质量损失归属于水；在 100~450 ℃时质量损失归属于蜜勒胺；而在 450~625 ℃时质量损失归属于 $g-C_3N_4$[31]。

1.3.2 少层石墨相碳氮材料的制备

2004 年，安德烈·盖姆和康斯坦丁·诺沃消洛夫终于取得重大突破：采用胶带反复撕揭高定向热解石墨的方法，成功剥离出单原子层厚度的石墨材料——石墨烯[75]。自石墨烯横空出世以来，因其广阔的应用前景备受人们关注。而类石墨相的碳氮是否能剥离成少层甚至单层呢？2012 年，Niu 等人通过二次加热剥离的方法首次报道合成了少层的碳氮材料[76]。如图 1-10 所示，相同质量的少层 g-C_3N_4 要比体相的样品体积更大，具有更高的比表面积。具有高比表面积的材料不仅有更多的活化位点，而且也是良好的负载衬底。

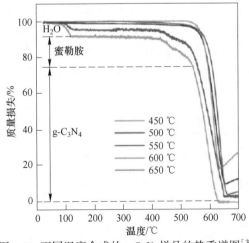

图 1-8 不同类型前驱体加热聚合制备 g-C_3N_4 的流程图

图 1-9 彩图

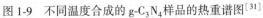

图 1-9 不同温度合成的 g-C_3N_4 样品的热重谱图[31]

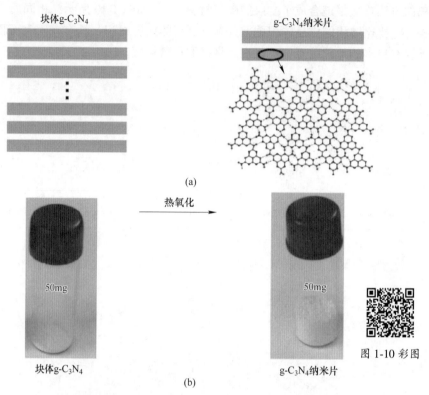

图 1-10 体材料 g-C_3N_4 和少层 g-C_3N_4 的结构示意图（a）
和 50 mg 的体材料 g-C_3N_4 和少层 g-C_3N_4 的体积对比图（b）[76]
（灰色球、蓝色球、红色球分别代表 C、N、H 原子）

表 1-1 为本书统计的几种以 g-C_3N_4 为基础材料的催化剂的催化性能。通过表 1-1 可以看出，不论是调控碳氮本身的缺陷还是混合离子化合物、二维层状材料和碱金属等都可以有效地提高光催化性能。然而通过二次加热获得的少层碳氮样品产量很低、样品均一性较差，因此寻找更加高效、可行的剥离手段就成了亟待解决的科学问题。

表 1-1　几种典型方法改性碳氮样品研究其催化性能

催化剂	光源	反应条件	共催化	活性 /μmol·(g·h)$^{-1}$	参考文献年份
氮空位 g-C_3N_4	300 W 氙灯（λ≥420 nm）	100 mL TEOA 溶液（体积分数为 10%）	1%（质量分数）Pt	387.4	2021
g-C_3N_4/KCl	300 W 氙灯（λ≥420 nm）	100 mL TEOA 溶液（体积分数为 10%）	N/A	332	2014

1.3 石墨相碳氮材料的合成与应用

续表 1-1

催化剂	光源	反应条件	共催化	活性/$\mu mol \cdot (g \cdot h)^{-1}$	参考文献年份
$WS_2/g\text{-}C_3N_4$	300 W 氙灯（$\lambda \geqslant 420$ nm）	10 mL 乳酸溶液（体积分数为 10%）	0.3%（原子分数）WS_2	12	2014
$K/g\text{-}C_3N_4$	300 W 氙灯（$\lambda \geqslant 420$ nm）	100 mL TEOA 溶液（体积分数为 10%）	$KCl/g\text{-}C_3N_4$（质量比为 10∶1）	102.8	2014
$MWCNT/g\text{-}C_3N_4$	300 W 氙灯（$\lambda \geqslant 420$ nm）	10 mL TEOA 溶液（体积分数为 10%）	1.2%（质量分数）Pt	39.4	2014

如图 1-11 所示，2013 年，Yang 等人采用液相剥离方法，对比异丙醇、N-甲

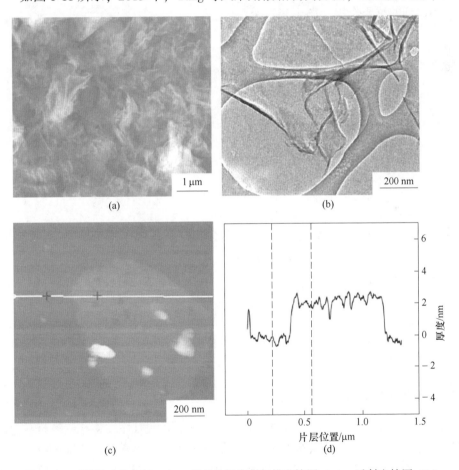

图 1-11　不同尺寸的少层 $g\text{-}C_3N_4$ 样品的场发射扫描电镜图（a）、透射电镜图（b）、原子力显微镜图（c）和相应的 $g\text{-}C_3N_4$ 厚度分析图（d）[77]

（白线附近显示 $g\text{-}C_3N_4$ 样品厚度均匀，大约为 2 nm）

基吡咯烷酮、水、乙醇和丙酮五种溶液，发现在异丙醇溶液中获得的碳氮样品厚度均一，N 与 C 的比例更接近 C_3N_4[77]。虽然二次加热与液相剥离的方法都可以获得少层石墨相碳氮材料，但其产率较低，因此需要进一步提高合成产率。2014 年，Lu 等人发现，将 2 g $C_2H_4N_4$ 和 10 g NH_4Cl 均匀混合，在 550 ℃下烧结 4 h，可以一步获得少层的 g-C_3N_4 样品且厚度大约为 3.1 nm，如图 1-12 所示[78]。其催化效率相对于体材料 g-C_3N_4 提高了近 20 倍。研究发现 NH_4Cl 作为添加剂在烧结过程中提供了动态的 NH_3，NH_3 可以有效地剥离体材料 g-C_3N_4。通过这种方法烧结的碳氮样品，必然会引入氯元素。2017 年，Feng 等人发现在封闭的坩埚中烧结 CH_4N_2O 可以获得少层的 g-C_3N_4 材料，其比表面积高达 141.4 m^2/g，催化析氢速率为 504.2 $\mu mol/(h \cdot g)$[79]，并进一步揭示了 NH_3 分子在剥离体相碳氮材料中起到的重要作用（图 1-13）。

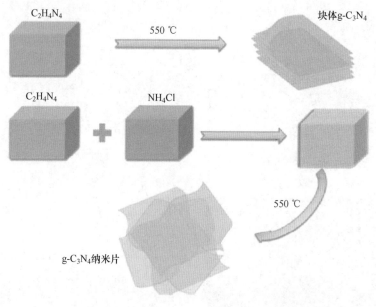

图 1-12　合成体材料和超薄 g-C_3N_4 纳米层的合成过程示意图[78]

1.3.3　石墨相碳氮材料的应用

2010 年，Lee 等人通过纳米浇筑的方法合成了介孔有序的体相碳氮材料。因其具有较大的比表面积可以作为光学传感器探测痕量金属离子，特别可以有效地检测 Cu^{2+}[80]。2012 年，Lee 等人将改性的体相碳氮和 Cu^{2+} 复合作为传感器，基于 Cu^{2+} 和 CN^- 对碳氮材料荧光的影响，能够检测水或者生理溶液中 CN^- 的含量[81]。2013 年，Zhang 等人在液相中剥离出大约为 7 层厚度的碳氮样品，其荧

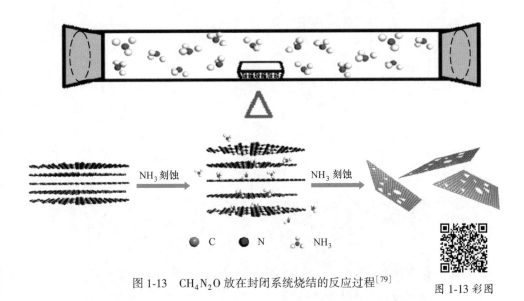

图 1-13 CH_4N_2O 放在封闭系统烧结的反应过程[79]

图 1-13 彩图

光量子产率相对于体材料提高了 19.6%，并且这种超薄的碳氮纳米片在不同的 pH 环境下都能够稳定地存在，而且还具有良好的生物相容性，是一种潜在的生物成像材料，如图 1-14 所示[82]。同年南方科技大学 Zhang 等人通过热聚 $C_3H_6N_6$ 合成发光颜色可调的 g-C_3N_4 纳米粉末[30]。如图 1-15 所示，通过荧光光谱和时间分辨光谱分析，揭示了温度对碳氮材料中氮元素的孤对电子态和 π 轨道能级的影响。如图 1-16 所示，2016 年，DAS 等人同样采用变温的方法，在 700 ℃下加热 $C_3H_6N_6$ 合成了能够发射白光的碳氮样品[32]。虽然 Gan 等人发现了 g-C_3N_4 在白光方面的应用前景，但是在解释其荧光机理上忽略了氮缺陷的因素[83]。如图 1-17 所示，2020 年，Tang 等人利用 N_2（95%）和 H_2（5%）的混合气体引入氮缺陷，获得了具有白色发光的多孔碳氮材料，并解释了其荧光机理。通过高温聚合 $C_3H_6N_6$ 合成碳氮样品研究其光学性质的进展如火如荼，而其低温下的荧光变化又将如何呢？2015 年，新加坡南洋理工和印度科学理工学院分别报道了低温碳氮样品的荧光性质。图 1-18 为南洋理工大学 Yuan 等人探究的450～650 ℃下合成的五种碳氮样品的变温荧光性质，他们认为随着温度降低，sp^2 杂化的 C—N 基团尺寸减小，因此出现可调的荧光现象。虽然他们报道了低温荧光蓝移的现象，但并没有深入探究变温荧光机理[31]。而后，印度科学理工学院 Debanjan 等人从荧光光谱发射路径：$\sigma^* \rightarrow LP$，$\pi^* \rightarrow LP$ 和 $\pi \rightarrow \pi^*$ 的角度深入地探究了体材料g-C_3N_4作为温敏传感器的机理[33]。如图 1-19 所示，表明碳氮样品的荧光随温度呈线性变化，因此是潜在的温敏器件。

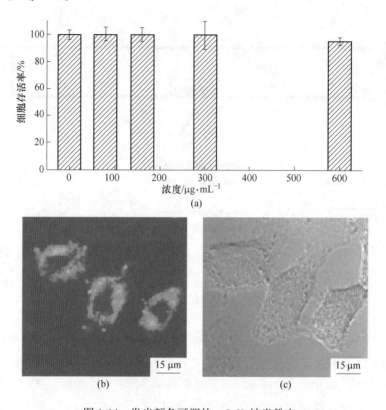

图 1-14 发光颜色可调的 g-C_3N_4 纳米粉末

(a) 希拉细胞在不同浓度的少层 g-C_3N_4 纳米片中放置 48 h 后的存活情况；
(b) 希拉细胞培养在超薄 g-C_3N_4 纳米片中 1 h 以后的共聚焦荧光图；(c) 将明场像和共聚焦图片重叠图

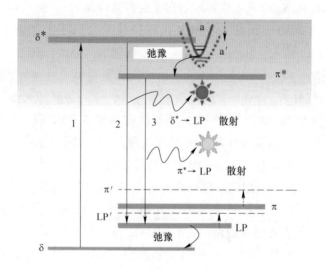

图 1-15 $C_3H_6N_6$ 加热聚合成碳氮样品的荧光发射机理图[30]

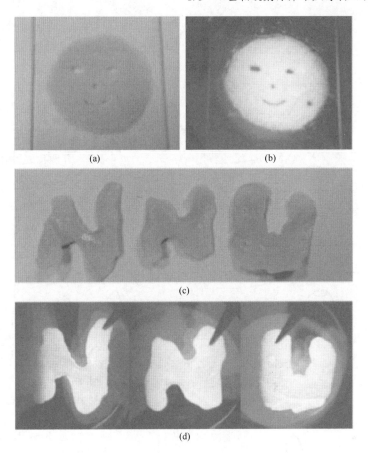

图 1-16 碳氮样品的白色荧光实物图[83]

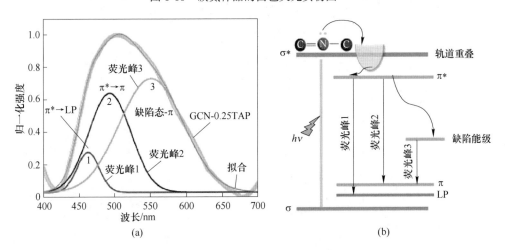

图 1-17 多孔碳氮材料的荧光机理[84]

(a) 以 g-C_3N_4 和 0.25 g 三氨基嘧啶为前驱物加热聚合成的样品荧光光谱图；(b) 相应的荧光能级跃迁机理图

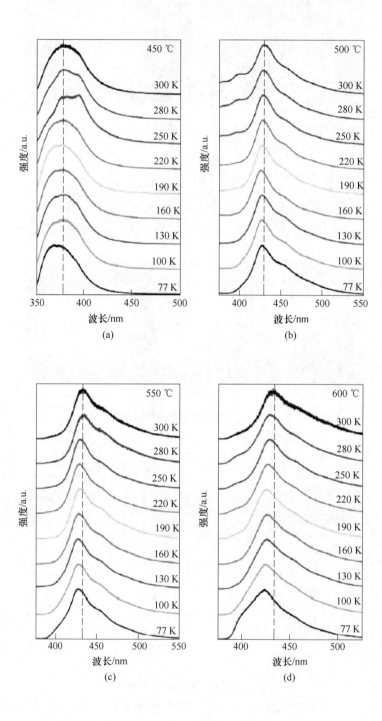

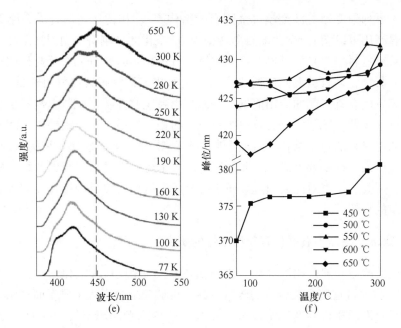

图 1-18　不同合成条件的 g-C_3N_4 样品在不同温度下的荧光光谱图[31]

(a) ~ (e) g-C_3N_4 样品从室温 (300 K) 到液氮温度 (77 K) 的荧光光谱图（图的右上角标记了样品合成的温度）；(f) 不同温度下合成的 g-C_3N_4 样品的荧光峰位随温度变化图

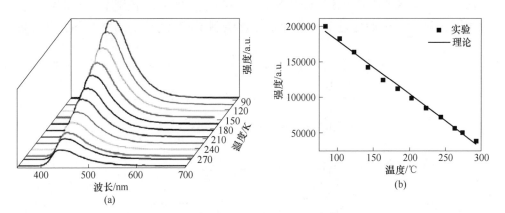

图 1-19　g-C_3N_4 的荧光光谱图[32]

(a) g-C_3N_4 样品随温度变化的荧光光谱图；(b) 荧光强度随温度变化的拟合曲线

1.4　高温高压下石墨相碳氮材料的研究现状

研究碳氮材料的应用，可以追溯到 1989 年，Liu 与 Cohen 等人通过理论模拟报道了一系列硬度媲美甚至超过金刚石的结构[85]。相比于石墨合成金刚石的过程，高温高压可以使 sp^2 杂化的石墨转变为 sp^3 杂化的金刚石，利用高温高压获得超硬的碳氮材料一直是科学界的巨大挑战。石墨相 $g-C_3N_4$ 作为合成超硬碳氮材料的候选前驱物，一直被人们广泛关注。不仅如此，石墨相碳氮材料在催化制氢、传感器等方面有着广阔的应用前景，进而利用高压改性 $g-C_3N_4$ 提升材料性能也是重要的科学课题。压强能够有效地改变原子间相互作用，甚至诱导原子间的成键变化，调控材料的电子结构，进而影响材料的物理、化学性质，是构筑新材料、发现新效应的一种重要手段。因此利用高压技术可以有效地研究碳氮材料的结构与性质。下面，本书对前人通过高压手段合成碳氮材料以及调控其性质的研究现状做简单的介绍。

1.4.1 高温、高压下石墨相碳氮稳定性的研究

目前实验中一般采用溶剂热、超声波加热、固相反应和电化学沉积等方法合成 $g-C_3N_4$，通过这些方法合成的碳氮材料不可避免地会引入杂质。而利用金刚石压砧或者六面顶压机等高压手段可以有效地减少或者隔离空气中的 O_2，进而能够获得杂质含量相对较小的碳氮材料。早在 2009 年，李雪飞等人发现石墨相碳氮材料在 5.2 GPa 的压强下，600~800 ℃ 的温度范围内都能稳定存在。如图 1-20 所示，当温度提高至 1000 ℃，碳氮样品就开始石墨化[86]。而后 Fang 等人利用多面砧压机研究了石墨相碳氮材料在 10~25 GPa、2000 ℃ 压强温度范围的结构。如图 1-21 所示，他们通过 XRD、拉曼光谱绘制了碳氮材料的 p-T 相图，并发现

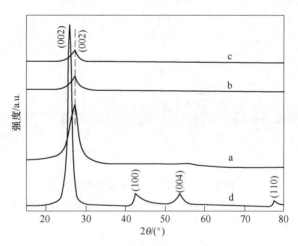

图 1-20 样品的 XRD 谱图[86]

a—常压样品；b—5.2 GPa、600 ℃ 的样品；
c—5.2 GPa、800 ℃ 的样品；d—5.2 GPa、1000 ℃ 的样品

石墨相碳氮材料在相对较低的压强与温度下，能够稳定存在 30 min。然而 g-C_3N_4 中的氮原子很容易在高温下产生缺陷，虽然 Fang 等人给出了石墨相碳氮结构在高温高压下的稳定区间，却忽略了由于氮缺陷导致的电子结构的变化。进而 Yang 等人深入研究了高温高压下石墨相碳氮材料的元素比例以及能带结构的变化。如图 1-22 所示，他们在 2 GPa、600 ℃（CN-1），5 GPa、600 ℃（CN-2）、5 GPa、630 ℃（CN-3）保温 20 min，5 GPa、750 ℃（CN-4、CN-5、CN-6）分别保温 30 min、45 min、60 min 的条件下获得六种碳氮样品[87]，发现碳氮样品的原子质量比例与能带结构随压强温度而变化，其中 CN-5 样品的 C 与 N 原子比为 3∶1，并且与理论报道的 C_3N 的 XRD 谱图符合得很好。

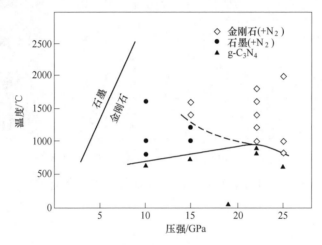

图 1-21　石墨相碳氮样品的稳定 p-T 图[88]
（黑色实线表示石墨相碳氮分解的边界值，根据的是实验数据；
虚线是在实验中观察到碳氮样品转变为石墨和金刚石的温压边界值）

1.4.2　高温、高压下石墨相碳氮合成超硬相的研究现状

继 Liu 等人以 β-Si_3N_4 模型提出超硬相 β-C_3N_4，Teter 等人提出了立方相 C_3N_4、α-C_3N_4 和准立方相 C_3N_4 等潜在的超硬结构，越来越多的科研工作者投身于碳氮材料的合成与结构预测工作中[36]。2016 年，Fan 预测了两种新的超硬 C_3N_4 同素异形体：t-C_3N_4、m-C_3N_4[89]。如图 1-23 所示，t-C_3N_4 和 m-C_3N_4 相对准立方相和立方相 C_3N_4 具有更低的焓值，表明它们的热力学更稳定。实验中同样也报道了一些 sp^3 杂化的碳氮样品。如图 1-24 所示，Ming 等人以石墨相碳氮为前驱体，利用激光加热的技术，在 21～38 GPa、温度为 1600～3000 K 的范围内，合成了立方相 C_3N_4、NaCl、石墨和金刚石的混合物[90]。同样采用激光加热方法，

样品	C(质量分数)/%	N(质量分数)/%	化学计量	颜色
g-C_3N_4	34.96	58.1	$C_{2.91}N_{4.15}$	
CN-1	35.22	57.42	$C_{2.94}N_{4.10}$	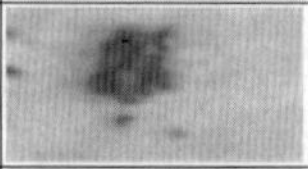
CN-2	35.21	56.71	$C_{2.93}N_{4.05}$	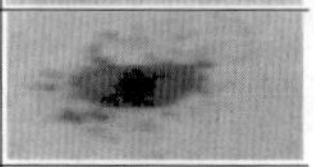
CN-3	34.31	51.79	$C_{2.86}N_{3.70}$	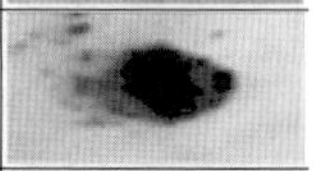
CN-4	61.51	32.62	$C_{5.13}N_{2.33}$	
CN-5	63.95	24.03	$C_{5.33}N_{1.72}$	
CN-6	73.53	19.5	$C_{6.13}N_{1.39}$	

图 1-22 初始 g-C_3N_4 样品和高温高压处理后的 CN-x（x=1, 2, 3, 4, 5, 6）样品的元素成分和光学图[87]

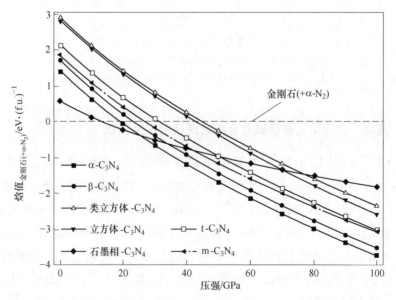

图 1-23 不同 C_3N_4 结构相对金刚石（+α-N_2）的焓值随压强变化图[89]

1.4 高温高压下石墨相碳氮材料的研究现状 · 19 ·

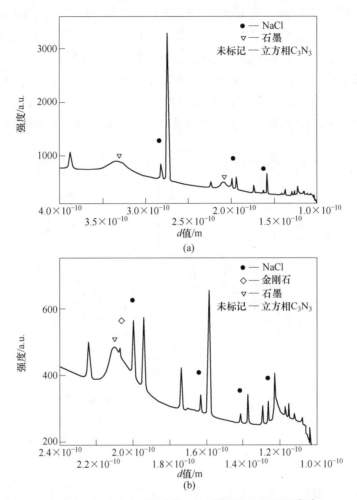

图 1-24 金刚石对顶砧腔体 C_3N_4 样品的 XRD 谱图[90]

(a) 常压条件下完整的 XRD 谱图；(b) 23 GPa 激光加热条件下选择峰位在 $2.5×10^{-10} \sim 1.0×10^{-10}$ m 范围的 XRD 谱图（$2.08×10^{-10} \sim 1.22×10^{-10}$ m 范围内的宽峰是来自石墨相的衍射峰）

Yohei 等人在大于 30 GPa、1600 K 的范围内得到了正交相的 C_3N_4，在常温常压下其晶格参数为 $a = 7.6251×10^{-10}$ m (19)，$b = 4.4904×10^{-10}$ m (8)，$c = 4.0424×10^{-10}$ m (8)[91]。不仅如此，这种正交的结构能够在高达 125 GPa、3000 K 的压强温度下稳定存在。图 1-25 给出了高温高压下碳氮样品的相图。相比于静高压，动高压也是合成新材料的强有力的手段。其中，在低于 30 GPa 的压力区间内与多面砧压机实验获得的前驱物一致。马海云等人运用二级轻气炮加载和冲击回收实验技术，以 g-C_3N_4 为前驱物，在 40～65 GPa 条件下开展了一系列实验研究[92]。通过 XRD 射线衍射分析,发现石墨相碳氮结构能够在低于 51 GPa 时稳定存在。如图 1-26 所示,当施加 51 GPa 动态高压后获得了样品的透射电镜的明场像和相应的选区电子衍射图,表明获得了 β-C_3N_4。2018 年,Wang 等人同样报道了在 50 GPa 冲击波下合成了 β-C_3N_4 的实验[93]。如图 1-27 所示,2019 年,Gao 等人采用冲击波 Hugoniot 实验,以三聚氯氢($C_3N_3Cl_3$)和氨基钠($NaNH_2$)合成的 g-C_3N_4 为前驱体,在 22.4 GPa 时惊奇地发现合成了一种单斜的碳氮新相 phase-X。不仅如此,如果选取的压强合适,能够得到宏观尺寸的样品[94]。

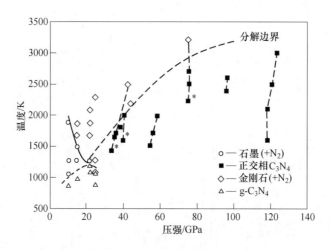

图 1-25 实验中未采用传压介质的 p-T 相图[91]

(粗实线和窄点线分别代表着在碳氮系统中石墨和金刚石的动力学分界线和石墨相碳氮分解的边界;粗点线表示正交相碳氮分解线;∗标记的位置是实验中发现的正交相数据点)

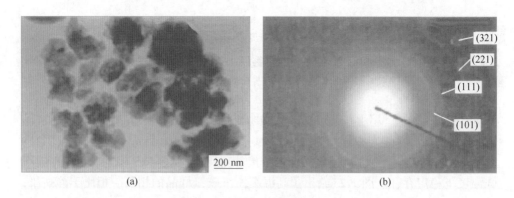

图 1-26 在 51 GPa 条件下冲击回收样品的透射电子显微镜图 (a)
与电子衍射花样图 (b)[92]

图 1-27 初始 g-C_3N_4 样品的透射电镜图（a）与 phase-X 样品的透射电镜图（b）

（图（a）中的插图是初始石墨相碳氮的选区电子衍射（左）和高分辨图（右）。

图（b）中的插图是 phase-X 样品的选区电子衍射（左）和高分辨图（右））

1.4.3 高温、高压下石墨相碳氮的改性研究现状

压强可以有效地改变原子间距离和成键变化，进而影响材料的物理、化学性质，不仅可以深入了解结构与性质之间的相互关系，也可以构筑新材料和发现新性质。对碳氮材料施加高温高压可以有效调控碳氮元素比例、原子位置和能带结构，进而有望提高其催化效率、光学性质。Kang 等人在烧结碳氮材料时，通过调控通入高压 H_2 的时间获得了一系列石墨相碳氮样品[95]。如图 1-28 所示，发现在 400 ℃下，通入压强为 5 MPa 的 H_2 6 h，可以获得的样品的催化效率提高了近一倍。众所周知，高温高压会使材料比表面积明显降低，而 Yang 等人巧妙地利用耐温耐压 SBA-15 硬模板设计了一系列高温高压实验，将石墨相碳氮样品放入 SBA-15 硬模板的孔道中，有效地抑制了碳氮样品的体积塌缩，并用质量分数为 10% 的 HF 洗掉 SBA-15[96]。研究发现，实验中获得的样品相对于初始 g-C_3N_4 的比表面积提高了近 6 倍。不仅如此，通过对比 2 GPa、250 ℃，2 GPa、300 ℃和 3 GPa、300 ℃条件下的三种样品，发现 2 GPa、300 ℃条件下的样品催化效率最高，相对于初始碳氮样品提高了近 13.5 倍。图 1-29 为合成的多孔碳氮样品的光催化的机理图。利用高温高压手段，同样会产生氮缺陷，进而在造成石墨化的同时也产生了碳的悬键，由此可以将石墨相碳氮看作为一种"黏结剂"。Yang 等

人通过高温高压实验,以 g-C_3N_4 和红磷粉末为前驱物,获得了可调控 P—C 键含量的样品[97]。图 1-30 为对应样品 P—C 键的透射电镜图,在高分辨透射电镜图 (f) 中可以清晰地看到 P—C 键。

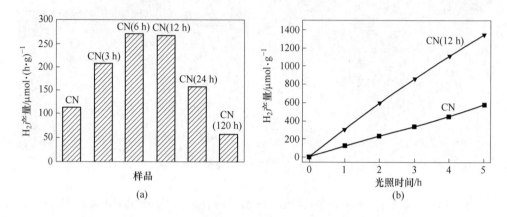

图 1-28 碳氮材料的光催化制氢效率[95]

(a) 不同碳氮样品在可见光下的光催化制氢效率对比图(选用 TEOA 和水按照体积比为 1∶9 混合的溶液);
(b) 原始碳氮样品和在 H_2 下吹扫 12 h 的碳氮样品的光催化制氢效率对比图

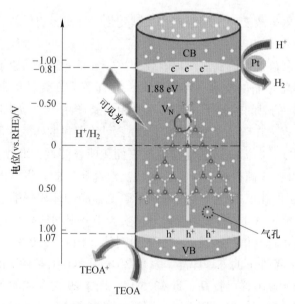

图 1-29 多孔氮缺陷的 g-C_3N_4 在可见光下制氢的机理图[96]

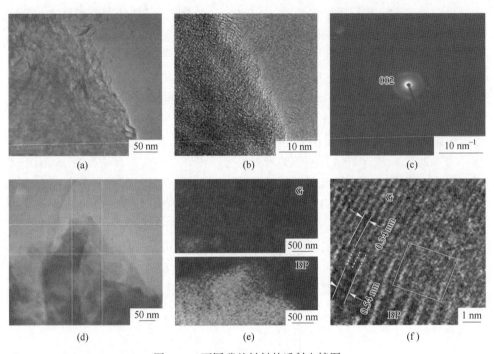

图 1-30 不同碳基材料的透射电镜图

(a)(b) 石墨相碳氮样品不同放大倍数的透射电镜明场像;(c) 选区电子衍射图;(d) 黑磷和石墨混合样品的透射电镜明场像;(e) 相应位置的元素分析(元素分析显示样品只有 C 和 P 元素,无杂质元素);(f) 高分辨透射电镜图

1.5　高压下碳纳米管的研究现状

迄今为止,有大量的理论、实验工作报道了碳纳米管在高温高压下的行为。在碳纳米管上施加高压,可以改变其形状、结构,进而影响其电子结构及其相应性质。研究人员通过拉曼光谱[98-99]、XRD[100]、中子衍射[101]和红外光谱[102-103]等测试手段,结合理论模拟,分析研究碳纳米管在高压下的结构相变规律。一般来说,随着压强增加,碳纳米管体积减小或塌缩,从碳纳米管横截面角度来看,其从圆形变为椭圆形再到"花生状"或"跑道状"。进一步施加高压,管与管、管内距离进一步减小甚至发生聚合,碳原子的杂化方式发生由 sp^2 到 sp^3 的转化。不同于平面层状结构的石墨,单壁碳纳米管可看成是由单层石墨烯卷曲而成的具有中空管状结构的 sp^2 碳材料,管状结构中 p_z 轨道重新杂化成 sp^3 杂化轨道可使碳纳米管间发生聚合,进而形成新的具有优异力学性能的碳结构,其结构与碳纳米管直径、螺旋性密切相关,具有丰富的可调性。本节主要对高压聚合碳纳米管获得新的超硬碳结构进行简单介绍。

虽然碳纳米管和石墨层内通过 sp^2 杂化方式成键，层外分布着离域大 π 键，但是在高压下却表现出不同的成键方式。Yildirim 等人采用第一性原理方法，发现直径较小的碳纳米管在加压下，会在管横截面方向曲率最大的地方与近邻的碳纳米管聚合[104]。由此进一步认为通过高压手段可以将碳纳米管压致聚合，最终形成 sp^3 碳相。2011 年，Zhang 等人采用从头算粒子群算法，以之字形和扶手椅形碳纳米管为初始结构，预测了 8 种 sp^2 和 sp^3 三维聚合的新碳相[105]。而后 Zhao 等人采用粒子群优化算法提出了超硬的新碳相 $Cco\text{-}C_8$ 和 $bct\text{-}C_4$[106]。他们指出直接压缩 (2, 2) 和 (4, 4) 的碳纳米管也可以得到 $Cco\text{-}C_8$，其硬度为 95.1 GPa，相当于立方金刚石。如图 1-31 所示，发现 $Cco\text{-}C_8$ 的 XRD 谱图和实验中报道的冷压碳纳米管的超硬相的 XRD 谱图很接近。虽然在实验中研究人员通过高压碳纳米管也报道了一些新结构，但对其结构仍存在争议。Popov 等人采用非净水压发现单壁碳纳米管在 24 GPa 下可以形成一个超硬的新相，并且这个新相能够在卸压后保留[107]。而 Patterson 等人却指出即使加压到 62 GPa 也不会产生新的碳相[108]。如图 1-32 所示，值得注意的是，Wang 等人在 2004 年报道了以多壁碳纳

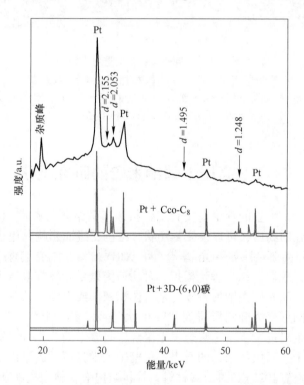

图 1-31 彩图

图 1-31 $Cco\text{-}C_8$ 和 3D-(6, 0) 碳在常压下理论模拟的 XRD 谱图和实验数据比较[106]
(蓝色线表示 Pt；红色线表示 $Cco\text{-}C_8$；紫色线表示 3D-(6, 0) 碳；黑色线表示实验数据；
红色箭头标记出四个实验获得的样品的衍射峰)

米管为前驱物采用硬压的方法在 100 GPa 的条件下得到一个超硬碳材料,通过拟合发现其体积模量高达 447 GPa,从体积模量角度分析,获得的新碳相要稍微高于金刚石的体积模量 440~442 GPa[109]。利用拉曼光谱分析,该结构含有大量的 sp^3 键,因此可以将金刚石压坏。虽然理论上对碳纳米管的压致聚合转变进行了研究,但模拟中所用的碳纳米管直径较小(约为 $5×10^{-10}$ m),与实验不符,且这种小尺寸管径的单壁碳纳米管在实验上难以合成,因此,有必要采用更大管径的碳纳米管进行理论模拟研究。

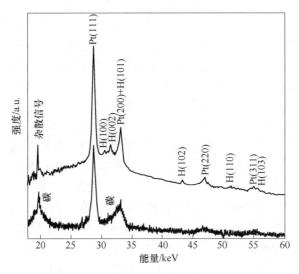

图 1-32　100 GPa 条件下碳纳米管的 XRD 谱图[109]

1.6　本书的研究意义

压强作为一种极端的物理条件,能够有效调控层间相互作用,甚至是成键方式,从而改变材料的能带结构和晶体结构,使材料表现出异于常压的物理、化学性质。碳、氮原子都具有灵活多变的成键方式,其同素异形体在高压下通常会展现出丰富的结构和性质变化,是寻找和构筑性能优异和结构新奇的碳基材料的重要途径。众所周知,石墨层内碳原子通过三个 σ 键结合成六边形蜂窝网状结构,而垂直石墨层的 p_z 轨道可与层内近邻碳原子形成离域 π 键,层间通过范德瓦尔斯力结合。通过压强调控石墨层间的 π-π 作用使轨道再次杂化能够有效地改变材料的电学、光学和力学性质。比如利用单轴压强压缩不同层数、堆垛形式的石墨或石墨烯,研究人员发现两层 AA-堆垛的石墨烯的层间 π 电子更易被压强调控到层内六元环中,因此表现出异常的可压缩性质。相比于石墨,sp^2 杂化键合的石墨相 g-C_3N_4、碳纳米管等是近来研究人员研究的热点材料，它们具有不同于石墨的 π 电子分布，在催化、光学、力学等方面展现出优异的性能。通过压强探究这些材料体系中 π-π 相互作用甚至使轨道再次杂化，能够深入认识其结构与性质，为构筑新的功能材料提供了理想的候选材料和丰富的来源。2021 年，Yang 等人发现，利用高压可以显著调控类石墨结构 C_2N、C_3N 中的 π 电子分布，进而影响材料的输运性质[110]。然而，能否利用高压调控石墨相 g-C_3N_4 材料体系中的 π-π 相互作用，进而探索材料新的功能特性以及构筑新型功能材料的相关研究还是空白，是值得研究的重要基本科学问题。

不同于平面层状结构的石墨，单壁碳纳米管可看成是由单层石墨烯卷曲而成的具有中空管状结构的 sp^2 碳材料，管状结构中 p_z 轨道重新杂化成 sp^3 杂化轨道可使碳纳米管间发生聚合，进而形成新的具有优异力学性能的碳结构，其结构与碳纳米管直径、螺旋性密切相关，具有丰富的可调性。研究发现，通过管间聚合可以获得在常压下截获的 sp^3 新碳结构，这不同于石墨在高压下形成的不可截获的后石墨相。这为本书研究高压下 p_z 轨道通过重新杂化进而获得 sp^3 新结构提供了重要的思路。前人实验研究发现，直接压缩碳纳米管可以获得能在常压下截获的 sp^3 碳相，但其结构仍未确定。同时，在理论上也对碳纳米管的压致聚合转变进行了研究，但模拟中所用的碳纳米管直径较小（约为 $5×10^{-10}$ m），与实验不符，且这种小尺寸管径的单壁碳纳米管在实验上难以合成，因此，有必要采用更大管径的碳纳米管进行理论模拟研究。此外，利用高压聚合单壁碳纳米管探究兼备超硬、光电性质的新型碳基材料仍然是亟待解决的前沿课题。为此，本书选取管径范围为 $4×10^{-10} \sim 16×10^{-10}$ m 的扶手椅形、之字形碳纳米管为研究对象，通过理论模拟的方法，对它们在高压下的结构转变、新碳相的结构与性质展开了深入研究。

1.7 本书的主要内容

针对以上重要的科学问题，本书对具有不同 π 电子分布的 g-C_3N_4 和单壁碳纳米管展开了高压研究，全书共分为 6 章内容。第 1 章为绪论，主要对碳基材料 π 轨道成键的方式，石墨相 g-C_3N_4、碳纳米管的发现，结构性质以及应用前景进行了简单概述，也对这两种材料的高压及高温高压研究进行了简单的介绍。第 2 章对现代高压实验技术及理论模拟方法做了简单介绍。第 3 章介绍了少层石墨相 g-C_3N_4 的合成与性质研究。第 4 章介绍了高压调控层间作用对少层石墨相 g-C_3N_4 的结构和荧光性质的影响，发现少层石墨相 g-C_3N_4 的荧光增强与压致色变现象，并结合理论探究了其作用机制。第 5 章研究了 g-C_3N_4 体材料的高压荧光转变和结构变化，结合理论模拟，分析得出压强诱导材料的间接带隙向直接带隙转变是其性质变化的可能原因。第 6 章介绍了不同管径、螺旋性的单壁碳纳米管的高压结构相变，发现了带隙从半导体到绝缘体的四种超硬新碳相。

2 高压实验技术及理论方法

压强是一个基本的热力学参数。对材料施加不同大小、方向的压强可以调控原子间距离、电子局域分布，甚至改变成键类型。高压科学是探究材料在极端高压环境下材料结构、物象性能以及变化规律的学科。从 1762 年对水的压缩实验，到 1906 年布里奇曼推进了施加压强范围并系统地研究了固体的力学、相变、电阻变化和液体黏度等物理现象，到毛河光等人将金刚石应用在对顶砧压机上，产生 170 GPa 的高压，再到如今人们将中子衍射、同步辐射、电学和拉曼散射等技术与高压相结合进一步发展高压科学领域的发展，总的来说高压技术随着时代的发展呈现出精尖化、多元化的趋势。值得注意的是，将高压学科与物理、化学、材料和地质等学科相结合已取得了一系列引人注目的成就，其中包括超硬材料，固化气体、液体和高能材料等。室温超导、光电增强和荧光调控等脍炙人口的话题都与高压紧密相关。Yao 等人通过 CALYPSO 结构预测，提出了两种超硬的金属碳相，为实验合成导电的超硬碳材料提供了理论支持[111]。2021 年，Elliot 等人将碳、氢、硫混合物加压到 (267±10) GPa 时，实现了 (287.7±1.2) K (约为 15℃) 的室温超导[112]。2020 年，Bu 等人发现通过压强调控层状材料 Bi_2O_2S 的层间孤对电子，结构会从正交相向四角相转变，光电流能达到 3 个数量级的提升[113]。同年，Guo 等人通过压强抑制了激子缺陷态的产生，大幅减少了非辐射复合途径，发现二维钙钛矿 $(HA)_2(GA)Pb_2I_7$ 在较低压强下展现出显著的荧光增强现象[114]。因此通过压强调控材料性质是对各个学科的深入理解和发展必不可少的手段。

目前实验上采用的高压方法，主要分为以金刚石对顶砧与大腔体压机（活塞圆筒式、多级压砧系统）为代表的静态高压和以爆炸、冲击波等为代表的动态高压。动态高压是在瞬间对样品施加高压，这个过程一般是绝热过程。而静态高压对样品施压过程则比较长，这个过程一般为等温过程。相比于动态高压，静态高压更易与拉曼光谱仪、红外光谱仪、紫外可见光谱仪、同步辐射光谱仪和荧光光谱仪等仪器联用，测试样品在不同压强下的原位光谱数据。理论作为指导实验的利器，不仅对前期的实验设计还是后期实验数据结构的分析都有巨大的帮助。因此本书采用静态高压技术结合理论模拟手段开展课题研究。下面将详细介绍金刚石对顶砧及其相应的测试手段和理论模拟软件。

2.1 金刚石对顶砧装置

如图 2-1 所示，为金刚石对顶砧（diamond anvil cell，DAC）实物以及光谱采集原理图。本书实验中采用的是 Mao 和 Bell 在原有顶砧压强基础上改良设计的 Mao-Bell 型 DAC。压机主体是由金刚石压砧、托块、压机壳、封垫和上压螺丝等部分组成。金刚石压砧堪称 DAC 的灵魂器件，选取合适类型的金刚石做压砧是实验的第一步。对于 X 射线同步辐射实验一般选择 I 型金刚石即可，而拉曼和紫外可见吸收实验就需要超低荧光的 I 型金刚石做压砧，不仅如此，在红外光谱实验中更需要价格昂贵的对红外信号不敏感的 II 型金刚石。另外压砧砧面大小、倒角也决定了上压能力，根据大质量支撑原理，砧面越小产生的压强越大。实验中常用的砧面直径为 1000 μm、600 μm、400 μm、300 μm、200 μm、100 μm 和 50 μm 等。如果说压砧可以比喻为压机的灵魂部件，那么托块则是压砧的骨架，一般选用硬质材料比如碳化钨、立方氮化硼做托块。一般来说，压机壳子是用硬质钢材加工而成，垫片可以选用 T301 钢片，以及铼、铜、钨和铍等金属。垫片的选择需要根据具体的实验测试条件、目的来定。在高压实验之前需要制作样品腔：将平整的垫片压出一个凹槽，利用激光在凹槽中打一个合适大小的孔洞——样品腔。样品腔一般是金刚石砧面的 1/2 或者 1/3 大小。它不仅需要填装测试样品，还需要放入标定压强的物质。对于压强标定以及传压介质，本书将在后面进行详细介绍。

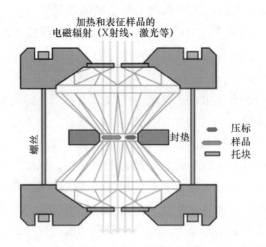

图 2-1　Mao-Bell 型 DAC 的实物图及其工作原理示意图

2.2 压强标定

根据 2.1 的介绍，已经对 DAC 的基本构造以及光谱测量原理有了初步的了解。那么如何标定样品腔内的压强值呢？主要的方法有三种：相变法[115]、状态方程法[116-117]和光谱法[118]。如图 2-2 所示，红宝石荧光光谱标压法为最常见的标定压强方法，通过激光辐照红宝石，红宝石受激辐射产生两个荧光峰，一般选择较强的 R_1 荧光峰，其随着压强偏移量来标定压强值。

$$p(\mathrm{GPa}) = 380.8 \times \left[\left(\frac{\Delta\lambda}{6942} + 1\right)^5 - 1\right] \quad (2\text{-}1)$$

式中，$\Delta\lambda$ 为 R_1 荧光峰的波长相对常压的偏移量，一般这种标压方式在 55 GPa 以内误差小于 2%。

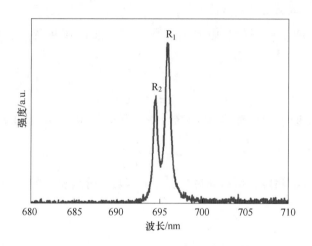

图 2-2 红宝石的荧光峰

2.3 传压介质

压强环境在高压试验中有着举足轻重的地位，选择合适的传压介质是实验成功的重要因素，理想的静水压在高压实验中能保证样品处在各向同性的压强环境中。常见的传压介质不仅需要结构稳定（不发生结构相变即净水性比较好），还需要化学环境稳定（高压下不与样品、垫片和金刚石反应）。传压介质按照物质形态可以分为固态、液态和气态，几种常见的固态、液态和气态传压介质见表 2-1。

表 2-1 几种常见的固态、液体和气态传压介质

固态	氯化钠	溴化钾	叶蜡石
液态	硅油	甲乙醇	水
气态	氮	氩	氢

2.4 高压实验技术

2.4.1 红外光谱

红外光谱按照波长范围可以分为近红外光谱（14000~4000 cm^{-1}，为 0.7~2.5 μm）、中红外光谱（4000~400 cm^{-1}，为 2.5~25 μm）和远红外光谱（400~10 cm^{-1}，为 25~1000 μm）。一般可以测量红外光下样品的吸收、反射和透射情况。本书主要测试的是红外吸收光谱。

对于 a、b 两个原子的吸收光谱波数 $\bar{\nu}$ 可以通过弹簧谐振子模型进行简化计算。

$$\bar{\nu} = \frac{1}{2\pi c}\sqrt{\frac{K}{\mu}}$$

式中，K 为两个原子间成键的弹性常数；c 为光速，m/s；μ 为约化质量。

$$\mu = \frac{m_a m_b}{m_a + m_b}$$

从材料本身的角度，可以通过计算介电函数来分析材料的红外性质。其中吸收系数公式如下：

$$\alpha(w) = \sqrt{2}w\left(\frac{\sqrt{\varepsilon_1^2 + \varepsilon_2^2} - \varepsilon_1}{2}\right)^{\frac{1}{2}}$$

式中，ε_1 为介电函数虚部；ε_2 为介电函数实部。

如图 2-3 所示，本书测试使用的红外光谱仪为 Bruker VERTEX 80v，红外光打到试样上，通过探测器探测、信号放大和滤波步骤得到干涉图，再经过傅里叶变化将光谱从时域转到频域红外光谱。

2.4.2 荧光光谱

讲到荧光光谱，就不得不提及分子能级跃迁背景。根据价电子的分子轨道理论，分子轨道包括成键态、反键态和孤对电子态，如图 2-4 所示。

荧光材料可以根据发光的机理分为：光致发光（photoluminescence）、化学发光（chemiluminescence）、生物发光（bioluminescence）和电致发光（electroluminescence）。

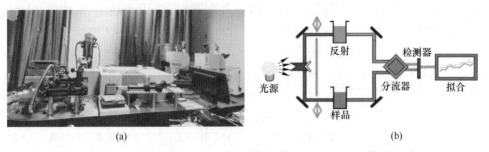

图 2-3　Bruker VERTEX 80v 型红外光谱仪的装置图（a）和工作原理图（b）

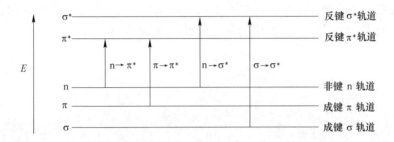

图 2-4　分子轨道和常见的电子跃迁类型

其中光致发光又可以根据电子跃迁过程细分为：荧光（fluorescence）和磷光（phosphorescence）。如图 2-5 所示，通俗来讲荧光产生的过程可以认为是电子态从激发态跃迁到基态的辐射过程。

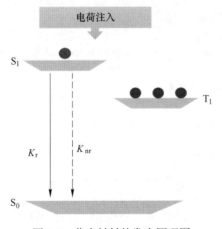

图 2-5　荧光材料的发光原理图

荧光材料最早被发现可以追溯到 1575 年，研究人员在阳光下观测菲律宾紫檀木切片的黄色水溶液呈现天蓝色。1852年，斯托克斯用分光计观测奎宁与叶绿素溶液时，发现它们所发射的光波波长比入射光要长，其称这种光为荧光。随着科技进步，荧光材料也应用到人们的日常生活中，比如染色剂、光学增白剂、涂料、激光和防伪标识等。为此，研究获得具有高效的荧光材料就成为一个重要的科学、民生问题。受限于合成技术、元素种类等因素，合成新型的荧光的材料面临着巨大的挑战，因此寻找新的调控荧光的手段也就成为一个亟须解决的科学问题。压强作为一个易于操控的物理量，不仅可以改变原子间的距离，也可以调控电子态的分布，因此压强是调控电子分布得到性质优异的荧光材料的有效途径。特别是吉林大学邹勃等人报道了一系列压致荧光材料，为在高压条件下研究荧光变化提供了重要的指导。因此本书采用同样的方法，利用高压技术对材料光学性质进行调控，其中测试所用的荧光仪器如图2-6所示。

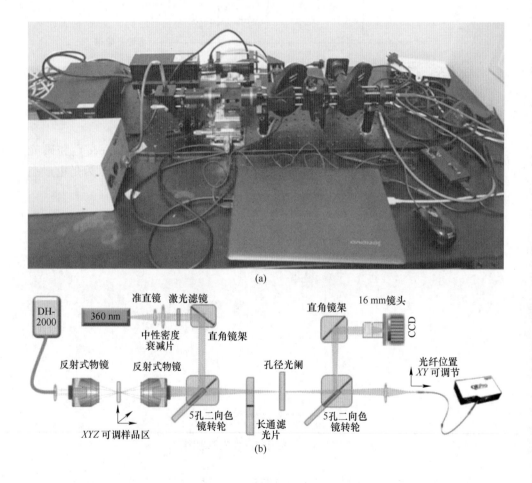

图 2-6 荧光光谱仪的装置图（a）和工作原理图（b）

2.4.3 场发射扫描电子显微镜及透射电子显微镜

自 E. Ruska 和 M. Knoll 在 1932 年发明电子显微镜以来,电子显微镜技术经历了三个标志性阶段:第一阶段是衍衬成像阶段,可以利用透射电子显微镜(transmission electron microscopy,TEM)观测到厚度几百纳米的晶体缺陷;第二阶段对厚度 10 nm 左右的样品进行高分辨成像和原子像观察;第三阶段,纳米尺度包括元素化学键合和成分的微小变化分析。扫描电子显微镜(scanning electron microscope,SEM)是一种利用聚焦高能电子束与物质相互作用以获得直观的样品形貌及其他信息的电镜。本书采用 SEM 和 TEM 对材料进行了细致的形貌分析,图 2-7 为 SEM 和 TEM 的示意图。

(a) (b)

图 2-7　SEM 图(a)和 TEM 图(b)

2.5　理论基础与计算方法

随着人们对物质结构、原子间相互作用的认识,理论模型与计算机性能受到了广泛的关注,同时计算科学作为预测的手段逐渐应用到各个领域。目前主流的方法是基于经典理论的分子动力学方法、蒙特卡洛方法和基于电子理论的第一性原理方法(从头算方法)。基于绝热近似(玻恩-奥本海默近似)将原子核和电子的运动分开,将求解薛定谔方程转化为求解原子核和电子波函数两个部分。基于哈特利-福克方程(Hartree-Fock equation,HF equation)或者密度泛函理论(density functional theory,DFT),将多电子体系问题转化为单电子薛定谔方程。一般来说 DFT 会通过构建初始电荷密度,计算单电子有效势函数,求解 Kohn-Sham 方程,得到新的电荷密度,根据收敛标准判断体系是否达到基态能量,所以 DFT 相对来说要比 HF 更加严格。本书采用的是基于理论的第一性原理计算方法。

2.5.1 交换关联函数

在密度泛函理论中,将多粒子体系中的相互作用归属到交换关联能 $E_{xc}[\rho(r)]$。采用的近似不同,交换关联能也不同。

2.5.1.1 局域密度近似

局域密度近似(local density approximation,LDA)最早是由 Thomas-Fermi 提出,Kohn-Sham 的研究使其进一步深化。最基本的思想是利用均匀电子气的密度泛函推导非均匀电子气的泛函形式,再通过 Kohn-Sham 方程和 Veff 方程进行自洽计算。LDA 成功应用于均匀电子气模型的泛函[119]。空间内的电荷密度仅与空间点位置有关,和梯度、拉普拉斯等无关。可以将整个区间的交换关联能写成:

$$E_{xc}^{LDA} = \int \rho(r)\, \varepsilon_{xc}[\rho(r)]\, dr$$

式中,$\rho(r)$ 为电子密度;ε_{xc} 为交换相关能量密度。但是对于非均匀电子气来说,能量密度的形式就比较复杂,不能简单地表示。

2.5.1.2 广义梯度近似

基于 LDA 泛函,研究人员发展了广义梯度近似(generalized gradient approximation,GGA),引入了电荷密度梯度 $\nabla\rho(r)$,也就是将电荷密度 $\rho(r)$ 与 $\nabla\rho(r)$ 都看作是 E_{xc}^{GGA} 的参数。公式如下:

$$E_{xc}^{GGA} = \int \rho(r)\, \varepsilon_{xc}[\rho(r),\, |\nabla\rho(r)|]\, dr$$

GGA 在材料模拟计算中要比 LDA 更加精确,特别是在半导体材料电子结构的模拟中,GGA 的禁带宽度要更接近 LDA 模拟的大小。随着 GGA 泛函的发展,目前比较常用的泛函是 PW91(Perdew-Wang)[120] 和 PBE(Perdew-Burke-Ernzerhof)[121-122]。

2.5.1.3 杂化密度泛函

在 HF 的自洽场近似模拟中,可以得到精确的体系交换能。因此在 DFT 模拟中引入此方法取长补短,也就是将 HF 与 DFT 的交换关联能进行线性组合。这样得到的交换关联能要更加精确。公式如下:

$$E_{xc} = aE_x^{exact} + (1-a)E_x^{GGA} + E_c^{GGA}$$

采用杂化密度泛函(Heyd-Scuseria-Ernzerhof)计算光学性质可以更加接近实验值,与此同时带来的是巨大的计算量。

2.5.2 硬度的理论计算方法

2.5.2.1 硬度的定义

硬度可以理解为材料对外加力的抵抗能力。实验中测量硬度的方法有回跳法、压入法和划痕法。根据压头形状、载荷时间等会有不同的硬度标准,常用的是维氏硬度、布氏硬度和努氏硬度等，通常将维氏硬度大于 40 GPa 的材料称为超硬材料，在理论中一般通过计算样品的弹性常数分析材料的硬度值[123-125]。

2.5.2.2　单斜相和正交相的硬度计算公式

在理论模拟硬度中，研究人员提出了一系列模型：键阻抗硬度模型[126]、键强度硬度模型[127]和电负性硬度模型[128]。中国科学院金属所陈星球等人提出了"模量硬度模型"。该模型在很多体系中能给出与实验吻合得比较好的硬度值，因此本书也采用此公式[129]。

对于单斜晶系而言：

单斜相（$C_{11}, C_{22}, C_{33}, C_{44}, C_{55}, C_{66}, C_{12}, C_{13}, C_{23}, C_{15}, C_{25}, C_{35}$ 和 C_{46}）

$$B_V = (1/9)[C_{11}+C_{22}+C_{33}+2(C_{12}+C_{13}+C_{23})]$$

$$G_V = (1/15)[C_{11}+C_{22}+C_{33}+3(C_{44}+C_{55}+C_{66})-(C_{12}+C_{13}+C_{23})]$$

$$B_R = \Omega[a(C_{11}+C_{22}-2C_{12})+b(2C_{12}-2C_{11}-C_{23})+c(C_{15}-2C_{25})+d(2C_{12}+2C_{23}-C_{13}-2C_{22})+2e(C_{25}-C_{15})+f]^{-1}$$

$$G_R = 15\{4[a(C_{11}+C_{22}+C_{12})+b(C_{11}-C_{12}-C_{23})+c(C_{15}+C_{25})+d(C_{22}-C_{12}-C_{23}-C_{13})+e(C_{15}-C_{25})+f]/\Omega+3[g/\Omega+(C_{44}+C_{66})/(C_{44}C_{66}-C_{46}^2)]\}^{-1}$$

式中，$a = C_{33}C_{55}-C_{35}^2$；$b = C_{23}C_{55}-C_{25}C_{35}$；$c = C_{13}C_{35}-C_{15}C_{33}$；$d = C_{13}C_{55}-C_{15}C_{35}$；$e = C_{13}C_{25}-C_{15}C_{23}$；$f = C_{11}(C_{22}C_{55}-C_{25}^2)-C_{12}(C_{12}C_{55}-C_{15}C_{25})+C_{15}(C_{12}C_{25}-C_{15}C_{22})+C_{25}(C_{23}C_{35}-C_{25}C_{35})$；$g = C_{11}C_{22}C_{55}-C_{11}C_{23}^2-C_{22}C_{13}^2-C_{33}C_{12}^2+2C_{12}C_{13}C_{23}$；$\Omega = 2[C_{15}C_{25}(C_{33}C_{12}-C_{13}C_{23})+C_{15}C_{35}(C_{22}C_{13}-C_{12}C_{23})+C_{25}C_{35}(C_{11}C_{23}-C_{12}C_{13})]-C_{15}^2(C_{22}C_{33}-C_{23}^2)+C_{25}^2(C_{11}C_{33}-C_{13}^2)+C_{35}^2(C_{11}C_{22}-C_{12}^2)+gC_{55}$。

对于正交晶系而言：

正交相（$C_{11}, C_{22}, C_{33}, C_{44}, C_{55}, C_{66}, C_{12}, C_{13}$ 和 C_{23}）

$$B_V = (1/9)[C_{11}+C_{22}+C_{33}+2(C_{12}+C_{13}+C_{23})]$$

$$G_V = (1/15)[C_{11}+C_{22}+C_{33}+3(C_{44}+C_{55}+C_{66})-(C_{12}+C_{13}+C_{23})]$$

$$B_R = \Delta[C_{11}(C_{22}+C_{33}-2C_{23})+C_{22}(C_{33}-2C_{13})-2C_{33}C_{12}+C_{12}(2C_{23}-C_{12})+C_{13}(2C_{12}-C_{13})+C_{23}(2C_{13}-C_{23})]^{-1}$$

$$G_R = 15\{4[C_{11}(C_{22}+C_{33}+C_{23})+C_{22}(C_{33}+C_{13})+C_{33}C_{12}-C_{12}(C_{23}+C_{12})-C_{13}(C_{12}+C_{13})-C_{23}(C_{13}+C_{23})]/\Delta+3[(1/C_{44})+(1/C_{55})+(1/C_{66})]\}^{-1}$$

式中，$\Delta = C_{13}(C_{12}C_{23}-C_{13}C_{22})+C_{23}(C_{12}C_{13}-C_{23}C_{11})+C_{33}(C_{11}C_{22}-C_{12}^2)$。

体积模量 B_0、剪切模量 G_0、杨氏模量 Y、泊松比 ν、维氏硬度 HV 通过弹性常数矩阵 $\boldsymbol{C}_{ij}$ 获得。体积模量和剪切模量采用 Voigt-Reuss-Hill 近似方法计算得到。

$$B_H = (1/2)(B_V + B_R)$$

$$G_H = (1/2)(G_V + G_R)$$

上面所提到的体积模量和剪切模量 B_0 和 G_0 在 Voigt-Reuss-Hill 近似中用 B_H

和 G_H 代替。

杨氏模量 Y 通过下面方程计算得到。

$$Y = 9B_0G_0/(3B_0 + G_0)$$

泊松比 ν 通过下面方程计算得到。

$$\nu = (3B_0 - 2G_0)/[2(3B_0 + G_0)]$$

维氏硬度 HV 通过下面方程计算得到。

$$HV = 2(k^2G_0)^{0.585} - 3$$

式中，$k = G_0/B_0$，为 Pugh 模量比。

3 少层石墨相碳氮材料的合成及其催化性质

3.1 研究背景

随着全球工业化的推进和人口快速增长,全球能源消耗将以每年 2.3% 的速率增加,2001 年全球能源消耗为 15~17 TW,由此推算到 2050 年将达到 25~27 TW[130]。面临日益加剧的能源危机,寻找一种可替代化石的能源是 21 世纪的巨大挑战。氢元素在地球中具有较高的丰度,在清洁、高能量密度能源领域有着广阔的应用前景[131]。制备 H_2 常用的思路是:在外加光和电的环境下,利用半导体本征性质分离电子空穴,进而将水分解为 H_2 和 O_2,在裂解水的过程中半导体材料的性质决定了催化效率。石墨相 $g-C_3N_4$ 材料因为其合适的禁带宽度(约为 2.7 eV)和优异的化学稳定性,在 CO_2 利用[132]、CO 氧化[133]、NO 分解[134] 和光催化制氢[135-136] 等众多领域有着潜在的应用前景。然而合成光生电子对分离效率高、具有更多活化位点、能够充分利用太阳能的碳氮材料仍然面临着巨大的挑战。一般来说,石墨相 $g-C_3N_4$ 材料的少层化,是提高比表面积、增加催化活性位点、降低光生载流子复合效率的有效手段。另外根据热力学原理,低的导带具有良好的氧化性,高的价带有良好的还原性,通过调控石墨相 $g-C_3N_4$ 材料的能带结构使其更加匹配水分解的能量,即催化剂的电子结构必须要跨越水的电子的能级最高的轨道称为最高占据分子轨道(highest occupied molecular orbital,HOMO)与未占有电子的能级最低的轨道称为最低未占据分子轨道(lowest unoccupied molecular orbital,LUMO),同时也有助于提高催化效率。可以说,提高比表面积、调控石墨相 $g-C_3N_4$ 材料的能带结构是提高 $g-C_3N_4$ 材料本身催化性质的重要手段[76-77,137-138]。

前人通过液相超声、模板法、热聚合 NH_3 刻蚀法都获得了少层的 $g-C_3N_4$ 样品,其中采用氨气后处理的方法能够高效地剥离体相 $g-C_3N_4$ 样品[78,139]。2017 年,Feng 等人将 CH_4N_2O 放在封闭的环境中,利用 CH_4N_2O 热聚合过程中释放的 NH_3 刻蚀剥离已合成的体相 $g-C_3N_4$,成功实现一步烧结合成少层 $g-C_3N_4$ 材料[79]。进一步分析,他们发现获得的少层 $g-C_3N_4$ 比表面积高达 141.4 m^2/g,导带底位置在 -0.81 eV,而且催化效率相对体相碳氮材料有了明显的提高。

综上所述，笔者意识到 NH_3 分子在刻蚀剥离体相 $g-C_3N_4$ 方面起到了举足轻重的作用。但如何高效地利用 NH_3 分子剥离合成少层 $g-C_3N_4$ 材料仍然是亟待解决的重要科研问题。众所周知，热聚合 $C_3H_6N_6$ 与 CH_4N_2O 合成 $g-C_3N_4$ 时，都会放出 NH_3，而质量相同的 CH_4N_2O 释放的 NH_3 要比 $C_3H_6N_6$ 释放得多。那么利用 CH_4N_2O 产生的 NH_3 会不会剥离以 $C_3H_6N_6$ 为前驱物烧结的 $g-C_3N_4$ 呢？基于以上假想，本书发展了一种自剥离的方法，以 $C_3H_6N_6$、CH_4N_2O 为前驱体，在密闭高温环境下烧结，同时获得两种催化效率较好的少层 $g-C_3N_4$ 样品，图3-1为该方法的合成流程图。

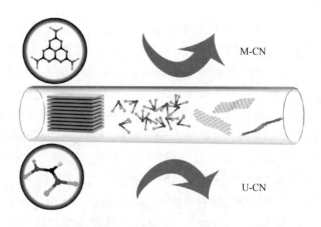

图 3-1　加热 $C_3H_6N_6$ 与 CH_4N_2O 的实验示意图

3.2　实验方法

3.2.1　试剂介绍

（1）无水乙醇（C_2H_5OH）：分析纯，含量≥99.7%，供应商为国药集团化学试剂有限公司；

（2）$C_3H_6N_6$：分析纯，供应商为国药集团化学试剂有限公司；

（3）CH_4N_2O：分析纯，供应商为国药集团化学试剂有限公司；

（4）氩气（Ar）：高纯，99.999%；

（5）三乙醇胺（$C_6H_{15}NO_3$）：分析纯，供应商为国药集团化学试剂有限公司；

（6）硫酸钡（$BaSO_4$）：分析纯，供应商为国药集团化学试剂有限公司。

3.2.2 光催化剂合成

体材料 g-C_3N_4 样品（块体-CN）合成：取 5 g $C_3H_6N_6$ 放在带有盖子的坩埚中，以 2.3 ℃/min 升温速率加热到 550 ℃ 并保温 4 h，自然降温。而后取出样品并研磨成粉末[37]。

少层 g-C_3N_4 样品的合成：将 $C_3H_6N_6$、CH_4N_2O 分别放在两个坩埚中，同时放在管式炉内加热。加热前，通入过量高纯 Ar 排除管式炉内空气，保证管内为惰性气体环境。将管式炉两端用液体密封，使管内保持相对密闭环境。以 2.3 ℃/min 的升温速率，加热到 550 ℃ 并保持 4 h。将 $C_3H_6N_6$、CH_4N_2O 为前驱体烧结的样品分别命名为 M-CN、U-CN。

3.2.3 样品表征

采用 MicroMax-007 HF（Rigaku）型 X 射线粉末衍射仪对合成的样品的晶体结构进行表征。XRD 测试选用的靶材为 Cu 靶，其波长为 0.15418 nm，测试范围为 10°~60°。采用 VERTEX 80v（Bruker）型傅里叶变换红外分析仪（FTIR）表征其红外振动峰。利用 UV-3150（Shimadzu）型紫外可见吸收光谱仪对样品的紫外吸收峰和带隙进行表征。测试范围为 200~1000 nm，采用溴化钾的紫外吸收信号作为背景。用 QE65000 spectrometer（Ocean Optics）型号的荧光光谱仪收集荧光光谱，激发波长是 355 nm，激光型号为 Deuterium-Halogen light source。使用 JEM-2200FS（JEOL）型号的透射电子显微镜观察样品的微观结构。利用型号为 Quanta 4200E（Quantachrome）的仪器采集样品的比表面积和孔径数据。使用 CHI 760E（上海辰华）仪器表征样品的光电流、交流阻抗奈奎斯特图和莫特肖特基曲线，在 0.5 mol/L 的 Na_2SO_4 溶液中，用三电极法进行测试。

3.2.4 光催化实验

在光催化实验前，将样品放在 150 ℃ 高温中加热 6 h，去除吸附在样品中的气体。取 30 mg 样品放在容积为 300 mL 的耐热玻璃瓶内，倒入 80 mL 溶液。溶液由体积比为 10% 的 TEOA 和质量比为 3% 的 Pt 和水组成，利用光照分解氯铂酸（H_2PtCl_6）溶液获得共催化剂 Pt。实验中采用装有 420 nm 滤波片的 300 W 的氙灯作为光源，将光催化分解水获得的 H_2 通过密闭的玻璃气体循环系统导入气相色谱仪内进而分析其制氢量。另外需要注意的是，光催化反应前需要用高纯 Ar 彻底排除反应装置内的空气，利用循环冷却水对仪器持续降温。

3.3 研究结果与讨论

图 3-2（a）与（b）分别为 M-CN 和 U-CN 的 TEM 图，可以直观地看到，M-

CN 和 U-CN 都为薄层纳米片，表明本书合成了层数较少的碳氮样品[76-79]。通过 XRD 光谱，发现典型的石墨相 g-C_3N_4 的衍射峰（100）和（002），它们分别代表着以周期性堆垛的三均三嗪为骨架的面内衍射和类石墨结构的层间衍射。这三种材料都具有典型的石墨相碳氮样品的红外振动峰，而且碳氮的振动峰型、峰位基本一致，表明它们具有相似的化学结构[140-142]。结合 X 射线衍射与红外吸收光谱，证明本书成功合成了两种少层的石墨相 g-C_3N_4 样品。如图 3-2（c）所示，在 1240~1700 cm^{-1} 出现的振动峰是来源于石墨相 g-C_3N_4 样品 C—N（—C）—C 环的特征红外振动峰[76]。在 3000~3500 cm^{-1} 出现的较宽的峰是与 N—H 键相关的振动。另外在 810 cm^{-1} 出现的振动峰，代表着三嗪环面外呼吸振动模[79]。如图 3-2（d）所示，少层的 U-CN 和 M-CN 的（002）面相比于块体-CN 都有明显的峰位移动，对应着层间距离的减小，同时（002）面衍射峰的强度也有明显的减弱。这意味着块体-CN 材料被剥离为少层材料。换言之，本书在实验中成功获得了两种少层的碳氮样品。因此本书发展了一种自剥离的方法有效地利用了热聚合反应产生的 NH_3 分子成功地剥离了两种不同前驱物合成的体材料 g-C_3N_4。

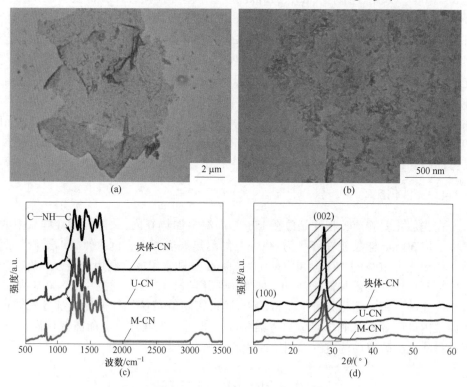

图 3-2 碳氮材料的 TEM 图、XRD 谱图和荧光光谱图
(a) M-CN 的 TEM 图；(b) U-CN 的 TEM 图；(c) 块体-CN、U-CN 和 M-CN 的荧光光谱图；
(d) 块体-CN、U-CN 和 M-CN 的 XRD 谱图

如图 3-3 所示,为了深入探究三种样品的光吸收、电子结构的异同,本书分别测试了它们的紫外吸收光谱、莫特肖特基曲线。如图 3-3(a)所示,将 M-CN 和 U-CN 与块体-CN 进行对比,发现紫外可见光吸收边有明显的蓝移。为进一步研究其电子结构,本书计算了 g-C_3N_4 样品的禁带宽度,公式如下[87]:

$$(\alpha h\nu)^{1/2} = A(h\nu + E_g) \tag{3-1}$$

式中,α 为光吸收系数;A 为比例常数;h 为普朗克常数;ν 为光子频率;E_g 为禁带宽度。

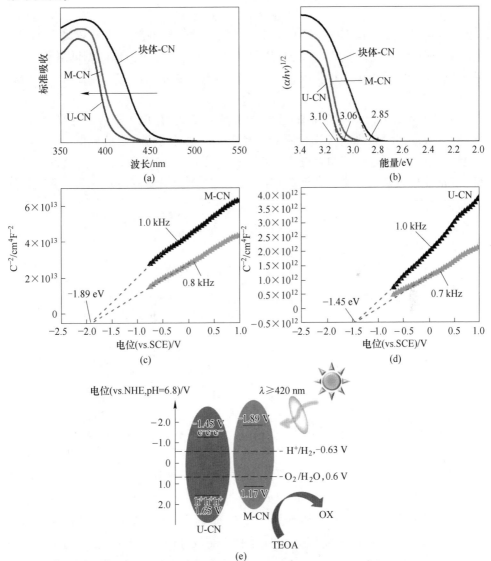

图 3-3 块体-CN、U-CN 和 M-CN 的紫外可见光吸收谱图(a)、光吸收度 $(\alpha h\nu)^{1/2}$ 对光量子($h\nu$)的关系图(b)、M-CN 与 U-CN 在不同频率下的莫特肖特基曲线图(c)和(d)和 U-CN 和 M-CN 的电子结构示意图(e)

通过公式计算,可以画出光吸收度 $(\alpha h\nu)^{1/2}$ 对光量子 ($h\nu$) 的曲线。如图 3-3 (b) 所示,块体-CN 的带隙为 2.85 eV,而 M-CN 与 U-CN 的带隙分别为 3.06 eV 与 3.1 eV,表明少层 g-C₃N₄ 相对于体材料带隙明显增大。进一步对比 M-CN 与 U-CN 的差别,通过莫特肖特基曲线,发现 M-CN 和 U-CN 导带底的位置分别为-1.89 eV、-1.45 eV,如图 3-3 (c) 和 (d) 所示。表明 M-CN 相对于 U-CN 具有更高的光氧化能力。为了更加系统地给出其能带信息,本书根据公式 (3-2) 计算出这两种少层材料的价带顶的能量:

$$E_{VB} + E_{CB} = E_g \tag{3-2}$$

式中,E_{VB}、E_{CB} 和 E_g 分别对应的是价带顶、导带底和禁带宽度。通过计算,M-CN 价带顶的位置为 1.17 eV,U-CN 为 1.65 eV。进一步,根据测试溶液的 pH 值可以推算出水的 HUMO 和 LUMO,图 3-3 (e) 为 M-CN、U-CN 的能级结构示意图。

如图 3-4 所示,对比了 M-CN 和 U-CN 的阻抗和光生电子空穴对的复合效率。如图 3-4 (a) 所示,M-CN 阻抗图的半径更小,电子传输得阻抗更低[143]。可以推断,M-CN 表面电子传输得更快。如图 3-4 (b) 所示,通过光电流测试,发现 M-CN 的光电流强度要明显高于 U-CN,说明 M-CN 具有更高的光生电子空穴对分离的效率[144]。

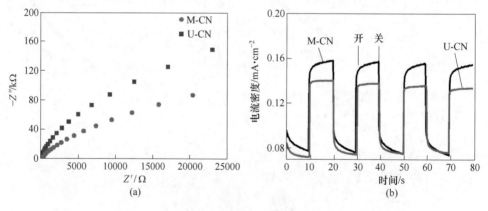

图 3-4 M-CN 和 U-CN 样品的交流阻抗奈奎斯特图 (a) 和光电流图 (b)

如图 3-5 (a) 所示,本书测试了三种样品的 N_2 吸附脱附曲线,在 77 K 温度下,根据 BDDT (Brunauer-Deming-Deming-Teller),U-CN 与 M-CN 表现出典型的 Ⅳ 型 N_2 吸附脱附曲线形式。通过 BET (Brunauer-Emmett-Teller) 分析,U-CN 与 M-CN 都具有较大的比表面积,分别为 134 m²/g 和 138 m²/g,远高于块体-CN (15 m²/g)。通过 BJH (Barrett-Joyner-Halenda) 方法进一步分析三种样品的孔径,发现它们的孔径为 3 nm 左右,表明其为介孔材料。如图 3-5 (b) 所示,将

其放置在狗尾草上面，发现 M-CN 并不会把狗尾草纤毛压塌，表明 M-CN 样品低密度的性质。

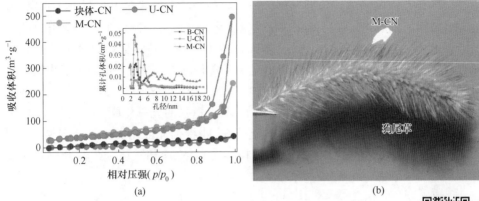

图 3-5 碳氮材料的 N_2 吸附脱附图谱

(a) 块体-CN、U-CN 和 M-CN 的 N_2 吸附脱附曲线图（插图为孔径分布）；
(b) M-CN 样品放置在狗尾草上面的形象示意图

图 3-5 彩图

如图 3-6 所示，本书进一步对比了三种样品的催化效率。如图 3-6（a）所示，发现块体-CN、U-CN 和 M-CN 在 3%（质量分数）Pt 作为共催化剂的条件下，光催化 H_2 产率分别为 15 μmol/(g·h)、440 μmol/(g·h) 和 532 μmol/(g·h)。如图 3-6（b）所示，M-CN 相对 U-CN 催化效率提高了 20%，是块体-CN 的 37 倍。

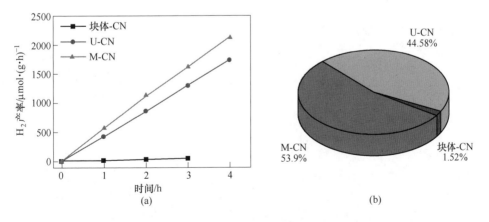

图 3-6 块体-CN、U-CN 和 M-CN 在可见光（$\lambda>420$ nm）光照下的 H_2 产率（a）和其比例图（b）

3.4 本章小结

石墨相 g-C_3N_4 具有合适的能带结构，是优异的光催化制氢材料。一直以来，g-C_3N_4 材料的少层化是提高催化效率的重要途径。但目前制备少层碳氮材料的方法产量低、工艺较为复杂。为此，本书发展了一种高效的自剥离的方法，利用 $C_3H_6N_6$、CH_4N_2O 为前驱体，在密闭高温环境下烧结，同时获得两种催化效率较好的少层 g-C_3N_4 样品，标记为 M-CN 和 U-CN。通过紫外可见吸收光谱、莫特肖特基曲线，表明 M-CN 导带底低于 U-CN，具有更强的光氧化能力。结合光电流，发现 M-CN 光生电子空穴对更容易分离。进一步根据光催化实验，证实 M-CN 相对 U-CN 催化效率提高了 20%，是体材料 g-C_3N_4 的 37 倍。该结果为合成高效催化性质的少层碳氮材料提供了新途径。

4 二维层状 g-C_3N_4 的构筑及其高压结构与光学性质

4.1 研究背景

自石墨烯的发现与成功制备，探究二维层状材料的性质，制备新型少层二维材料逐渐成为前沿科学课题[11,145-146]。研究发现，调控层状材料中层与层的堆垛方式、在层间插入不同的物质能够显著改变能带结构进而影响材料的电子[147]、光学[148]和传感[149]等性能。比如 2020 年报道的魔角石墨烯，通过调整两层石墨烯之间堆垛的角度，调节其能带结构，进而诱发材料表现出超导、绝缘的特性。将高压技术与层状材料结合，利用压强改变原子之间相互作用也可以出现超导或者类似的新奇现象[150]。在压缩双层二硫化钼（MoS_2）过程中，研究人员发现，其荧光明显蓝移，蓝移速率能够达到 20 meV/GPa[151]。

以三均三嗪环为重复单元的 g-C_3N_4 是一种类石墨层状结构材料[40-41]。类似于石墨烯，g-C_3N_4 可以形成稳定的单层、少层和体材料样品。不同于电子均匀分布的石墨结构，在 g-C_3N_4 体系中引入 N 原子会带来未成键的孤对电子从而导致不均匀的电子排布，进而使 g-C_3N_4 表现出不同于石墨的独特的电学、光学性质。体材料 g-C_3N_4 有较宽的带隙（2.7 eV），常温常压下荧光最强峰峰位约为 460 nm。不同于体材料，少层 g-C_3N_4（FL-CN）带隙略有增加，约为 2.9 eV，且呈现弯曲的形貌[41]。然而关于 g-C_3N_4 层间相互作用与层内构型对性质的影响却很少被关注。从应用前景来看，g-C_3N_4 不仅表现出良好的催化性能，同时表现出优异的荧光性质。据前人报道，其在白光 OLED、温敏传感器方面具有潜在的应用前景。光生电子空穴对的复合与载流子的转移、跃迁和分离相关，可以进一步影响碳氮材料的光催化效率。因此，调控 g-C_3N_4 的能带结构、深入理解 g-C_3N_4 的发光机理，获得理想的荧光材料是重要的科研课题。

压强可以有效地调控层间与层内相互作用，同时，结合原位光谱分析能够深入探究材料的电子结构以及相应性质的变化。因此采用压强的手段，研究聚合物碳氮样品的光学性质是一个有效的方法。然而，利用高压技术探究 FL-CN 电子结构变化存在着明显的不足。因此，本书系统地研究了 FL-CN 样品的高压光学性质，发现在施加较低压强下 FL-CN 的荧光有明显的增强，更高压下其荧光颜色可从蓝色调控到黄色，表明 FL-CN 是一种压致荧光变色材料。

4.2 实验与理论方法

4.2.1 样品制备

利用本书发展的自剥离的方法合成 FL-CN 样品（详见第 3 章）。以 $C_3H_6N_6$、CH_4N_2O 为前驱体，在密闭高温环境下烧结，其中 $C_3H_6N_6$ 样品为前驱物获得的少层碳氮样品，为本次高压实验的初始样品，即 FL-CN。

4.2.2 高压实验方法

利用 Mao-Bell 型 DAC 开展高压试验，选用 Ⅱa 型金刚石作为压砧，砧面大小为 400 μm，样品腔大小为 160 μm，垫片材料为 T301 钢片。采用上海张江光源测试同步辐射数据，波长为 $\lambda = 0.6199 \times 10^{-10}$ m。利用日本理学公司的 MicroMax-007 HF 型号 X 射线粉末衍射仪测试常压 XRD，靶材为 Cu 靶，波长为 $\lambda = 1.5418 \times 10^{-10}$ m。荧光测试所用的激发波长为 355 nm，入射光能量（约为 3.49 eV）远大于 g-C_3N_4 的禁带宽度（2.9 eV），满足电子跃迁所需能量。采用硅油和硬压（无传压介质）两种方式测试高压荧光光谱，利用外置搭载的摄像机拍摄不同压强下样品的原位荧光照片。利用型号 VERTEX 80v 的红外光谱仪测试常压高压下的红外振动峰，使用溴化钾作为传压介质测试高压红外光谱。采用 UV-3150 型号仪器测试紫外可见吸收光谱，用 $BaSO_4$ 粉末作为背底信号，测试范围为 200~1000 nm。用透射电子显微镜（JEM-2200FS）、扫描电子显微镜（Hitachi S-4800）表征样品的微观形貌。使用 TA-Q600 型号热重仪测试，分析获得的少层 g-C_3N_4 样品的 C 和 N 的比例。采用三电极方法，在 0.5 mol/L Na_2SO_4 溶液中，300 W 的氙灯照射下，测试光电流数据。

4.2.3 理论计算方法

利用 VASP（vienna ab-initio simulation package）软件，模拟材料在各向同性加压下的结构变化。理论中交换关联函数选用广义梯度近似 PBE 泛函，投影平面波采用 PAW（projector augmented wave）方法，截断能为 520 eV。压强范围为 0~10 GPa，加压步长为 1 GPa。利用 VESTA 软件对生成的结构绘制图片，使用 Materials Studio 软件计算各个压强下结构的 XRD 数据。

4.3 研究结果与讨论

4.3.1 FL-CN 样品在低压下的结构变化与压致荧光增强现象

图 4-1（a）为 g-C_3N_4 样品的晶体结构示意图。石墨相碳氮材料层内是由三

均三嗪环周期性堆垛构成,由于 N 原子孤对电子的排斥作用,使得纽扣状弯曲的层间构型要比平面的碳氮构型更加稳定[41]。图 4-1(b)是实验中合成的 FL-CN 样品的 TEM 图,直观地展示出碳氮片层扭曲的形貌。如图 4-1(c)所示,通过 XRD 谱图,可以发现典型的层内周期性堆垛的三均三嗪环的(100)衍射峰和层间周期性堆垛的(002)衍射峰。图 4-1(d)通过热重数据,表明 FL-CN 的样品中 g-C_3N_4 的含量高达 90%[31]。

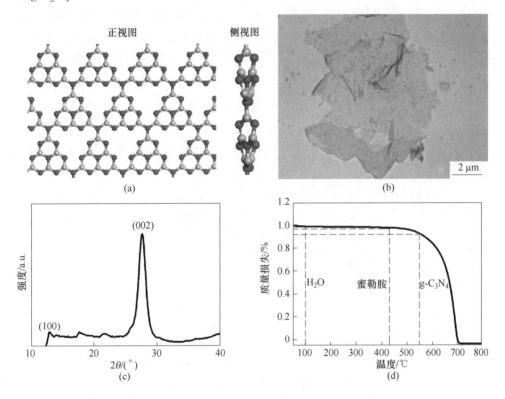

图 4-1 FL-CN 的晶体结构和热重谱图
(a)FL-CN 样品的正视图与侧视图;(b)FL-CN 样品的 TEM 图;
(c)FL-CN 的 XRD 谱图;(d)在氮气环境下测试 FL-CN 的热重谱图

白色的 FL-CN 样品在紫外光辐照下可以发射蓝色的荧光,荧光最强峰峰位约为 432 nm。如图 4-2 所示,荧光发射图中可以拟合出三个主要的荧光发射带,P1(432 nm,2.87 eV)、P2(452 nm,2.74 eV)和 P3(491 nm,2.52 eV)。根据前人报道,g-C_3N_4 的能带结构可以由碳氮 sp^2 杂化的 σ 轨道、碳氮 sp^2 杂化的 π 轨道和氮桥上的 N 原子形成的孤对电子轨道组合构成。P1、P2 和 P3 代表着这三种跃迁态,分别是 $\sigma^* \to$ LP、$\pi^* \to$ LP 和 $\pi^* \to \pi$ 的跃迁[31]。有趣的是,如图 4-2(a)所示,对 FL-CN 粉末样品施加一个相对较小的单轴压强(6 MPa)时,对卸压样品测试荧光,观测到样品的荧光强度提高了近一倍。伴随着异常的荧光增强,峰位也有 2~4 nm 的微小红移。如图 4-2(b)所示,卸压样品的颜色相较白色的 FL-CN 变为浅黄色。表 4-1 给出了 FL-CN 和 6 MPa-CN 样品发射荧光的峰强与峰位。为了比较各向同性和各向异性压强对 FL-CN 的影响,将 FL-CN 样品在 Ar 环境中充分研磨,通过测试 PL 光谱发现研磨样品的荧光强度相对于 FL-CN 有 20%~30%的增强,峰位红移了 10 nm 左右。光电流反映了光生电子空穴对的复合效率与荧光光谱相辅相成。如图 4-2(c)所示,可以明显地观察到 6 MPa-CN 样品的光电流强度是初始 FL-CN 样品的一半,而且研磨-CN 的光电流强度稍低于 FL-CN。这些结果都表明在压强的诱导下 FL-CN 样品会出现荧光增强的现象。

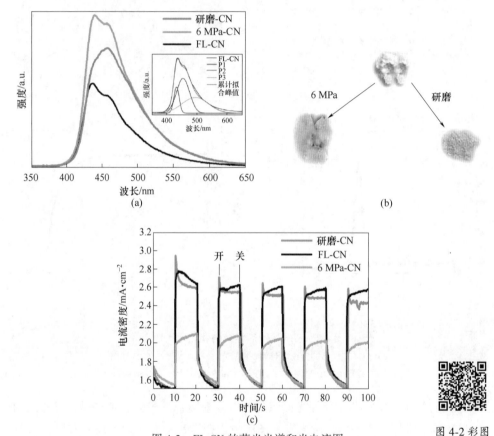

图 4-2　FL-CN 的荧光光谱和光电流图

(a) FL-CN、6 MPa-CN 和研磨-CN 样品的荧光光谱图(插图是利用高斯方法拟合的 PL 荧光光谱,拟合出的三个荧光峰分别为 P1、P2 和 P3);(b) FL-CN、6 MPa-CN 和研磨-CN 样品的光学图像;(c) FL-CN、6 MPa-CN 和研磨-CN 的光电流图(光电流是在 0.5 mol/L Na_2SO_4(pH=6.5)的溶液中,电压为相对于饱和甘汞电极-0.4 eV 的条件下,用 Pt 作为参比电极测试的)

表 4-1 FL-CN 和 6 MPa-CN 样品的峰位与峰强对比

样品	峰位/nm			峰强		
	P1	P2	P3	P1	P2	P3
FL-CN	432	452	491	6313	8472	4066
6 MPa-CN	434	454	491	10969	16224	8941

利用 XRD、红外可见吸收光谱和紫外可见吸收光谱，可以推断荧光增强与 g-C_3N_4 样品层间相互作用有关，层间相互作用增强抑制了 N—H 键的非辐射跃迁过程从而导致荧光增强。如图 4-3（a）和（b）为 FL-CN 样品、6 MPa-CN 样品的 SEM 图，发现少层 g-C_3N_4 样品在加压下趋于平面化。为了更加深入对比各向同性、各向异性压强对 FL-CN 样品荧光性能的调控，本书进一步对比图 4-3（c）研磨-CN 与图 4-3（b）6 MPa-CN 样品的 SEM 图，发现研磨的样品趋于颗粒化，颗粒尺寸比体材料 g-C_3N_4 小。从图 4-3（d）XRD 谱图分析来看，代表着层间距离的（002）面向大角度明显移动，意味着层间距离随着压强减小。这表明研磨导致层间距离更小，层间相互作用更强。如图 4-3（e）所示，更进一步分析其振动光谱，可以发现代表着层外呼吸模式的红外振动峰有明显的蓝移。在约 814 cm^{-1} 波数的碳氮层外呼吸模振动峰的蓝移，意味着层间相互作用增强，这与 XRD 谱图分析的结果一致。同时，在 890 cm^{-1} 波数的 N—H 振动峰[79]明显被抑制（变得更弱），可能是因为 N—H⋯π 相互作用的形成或者增强。在 g-C_3N_4 材料中，被抑制的 N—H 振动会降低非辐射跃迁概率，从而提高荧光效率[138,152-153]。荧光的增强，可能伴随着紫外可见吸收光谱的变化，通过测试本书发现在 480 nm 附近出现了一个新的紫外吸收峰。如图 4-3（f）所示，本书认为，在初始的 FL-CN 体系中，三均三嗪环内 N 的孤对电子到 π 的反键轨道即 n→$π^*$ 的吸收峰是禁止跃迁的，在施加单轴压强后会打破这种禁止跃迁的过程，进而出现新的吸收峰。因此在相同的入射光下，6 MPa-CN 样品比 FL-CN 样品具有更高的光吸收效率。随着碳氮层间距离的减小，层内相互作用的增加，6 MPa-CN 和研磨-CN 的 π→$π^*$ 吸收峰相对 FL-CN 有一定的红移，表明面内共轭程度增加。

4.3.2 FL-CN 样品在高压下的结构变化与荧光调控

如图 4-4（a）所示，为了深入研究高压下层间相互作用对 FL-CN 样品荧光的影响，探讨荧光机理，本书开展了对 FL-CN 的高压研究。在施加 0~16 GPa 压强时，FL-CN 样品的颜色经历了一系列变化，随着压强的增加，样品的颜色从白色变为黄色再变为橘黄色，样品的荧光从蓝色变为黄色。值得注意的是，在低压区也观察到了荧光增强现象，而当压强继续升高时荧光强度单调下降。如图 4-4（b）

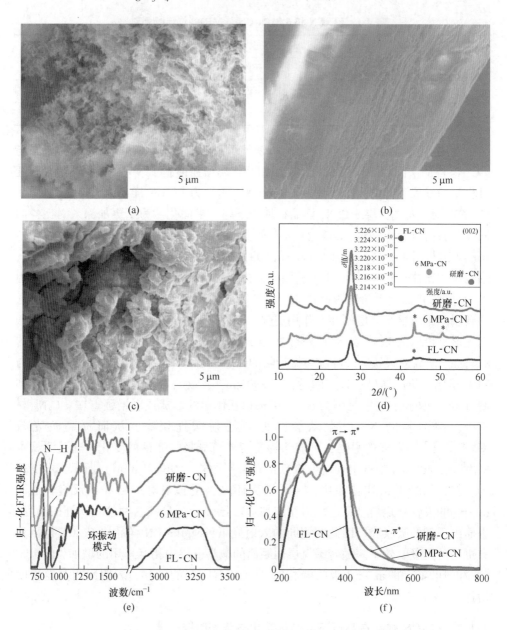

图 4-3 碳氮样品的形貌、晶体结构和荧光吸收光谱图

(a) FL-CN 的 SEM 图；(b) 6 MPa-CN 的 SEM 图；(c) 研磨-CN 的 SEM 图；(d) FL-CN、6 MPa-CN 和研磨-CN 样品的 XRD 谱图（插图为 (002) 面间距随压强变化的谱图）；(e) FL-CN、6 MPa-CN 和研磨-CN 样品的红外吸收光谱图；(f) FL-CN、6 MPa-CN 和研磨-CN 样品的紫外可见吸收光谱图

所示，高压过程中，FL-CN 的荧光峰出现明显红移，从初始的 436 nm（0 GPa）移动到 500 nm（10 GPa）再到 550 nm（12 GPa）。如图 4-4（c）所示，本书选

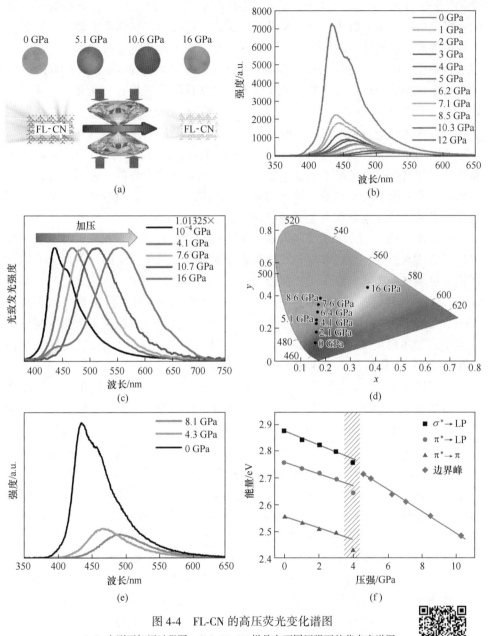

图 4-4 FL-CN 的高压荧光变化谱图

(a) 金刚石加压过程图；(b) FL-CN 样品在不同压强下的荧光光谱图；
(c) 不同压强下归一化的 FL-CN 荧光光谱图；(d) 荧光的色度图；
(e) FL-CN 样品卸载过程的荧光光谱图；(f) 高斯拟合荧光光谱图

图 4-4 彩图

取几个压强点下的荧光数据，将其归一化，可以直观地看到高压下样品荧光峰位的移动。图 4-4（d）是样品的荧光色度图，进一步展示其荧光颜色随着压强的变化趋势。如图 4-4 (e) 所示，通过 FL-CN 的卸压光谱，发现在 0 GPa 时，其荧光颜色可逆。综上所述，FL-CN 是一种压致变色材料。据笔者所知，不同于前人报道的分子自组装、团簇和无机半导体纳米晶等压致变色材料，这是首次在二维材料中报道的压致变色现象。图 4-4 (f) 为荧光能量随着压强变化的曲线，研究发现在 3 GPa 以内，荧光能量随压强升高呈线性降低的趋势。荧光能量降低的速率为 0.025 eV/GPa[154]，这与前人理论计算报道的结果很接近。采用高斯拟合，分析荧光峰随压强的变化，FL-CN 样品荧光谱可以利用三个荧光峰拟合，即 $\sigma^* \rightarrow$ LP (P1)，$\pi^* \rightarrow$ LP (P2) 和 $\pi^* \rightarrow \pi$ (P3)。但更高压强下，荧光峰逐渐宽化，采用高斯拟合已经不适合 3 GPa 点以后的荧光数据分析，为了保证数据的可信性，本书选取荧光峰的主峰（最强峰）峰位做 3 GPa 以后的数据拟合，发现荧光能量随压强升高出现一个明显的拐点。

如图 4-5 (a) 所示，为了理解荧光随压强变化出现的异常拐点，本书进一步测试了高压原位同步辐射数据。发现在较低压强下，低角度层内衍射峰有一定的增强，可能是高压实验前预压样品造成的。通过 XRD 谱图，发现 FL-CN 样品在 10 GPa 内结构稳定，没有发生相变。当压强高于 3 GPa 时，代表着层间距离的 (002) 面的强度明显降低，说明层间堆垛开始变得无序化。这可能是因为层间距离减小，层间相互作用增强。如图 4-5 (b) 所示，基于高压 X 射线衍射(002)面 d 值随压强的变化情况，发现在 3 GPa 内 FL-CN、石墨和少层石墨烯沿着 c 轴方向的层间压缩率 C/C_0 趋于一致，当压强高于 3 GPa 时，FL-CN 样品的层间距离要比石墨更难压缩[155-156]。进一步对比层内衍射峰变化情况，如图 4-5 (c) 所示，表明 (100) 面随着压强几乎呈线性变化。如图 4-5 (d) 所示，通过红外光谱随压强变化的曲线，发现基本上所有环的红外振动峰都是随着压强向高波数移动，没有明显的红外峰的异常变化，说明样品没有发生结构相变，这与 XRD 数据结果一致。如图 4-5 (e) 所示，为了进一步理解 $g-C_3N_4$ 样品层间异常压缩的现象，本书模拟了 AA-堆垛、AB-堆垛两种堆垛方式的 $g-C_3N_4$ 样品层间距离随压强的变化趋势。研究发现在 3 GPa 以内，两种堆垛的样品层间压缩性质基本趋于一致，但是在 3 GPa 以后 AB-堆垛的结构要明显比 AA-堆垛的结构更难压缩，即 c 轴的压缩率更低。因此本书推断 $g-C_3N_4$ 在高压下应该是向着更难压缩的 AB-堆垛结构滑移。进一步理解层间滑移现象，在层状的 $g-C_3N_4$ 结构中，随着压强增加层间电子的相互排斥力增强，周期性堆垛的三均三嗪环更趋向于滑移到相邻层的孔洞中，导致了体积的塌缩。当压强进一步提高，N 的孤对电子、层间 π 电子间的相互排斥起到主要作用，使得层间更难压缩，进而影响了 FL-CN 的荧光性质。因此，本书发现随着少层 $g-C_3N_4$ 层间更难压缩，其荧光强度明显下降，荧光峰逐渐宽化，其中与 N 原子上孤对电子相关的荧光峰 P1 和 P2，在压强下要比 P3 态更加敏感，表现出更易被压强调控的性质。

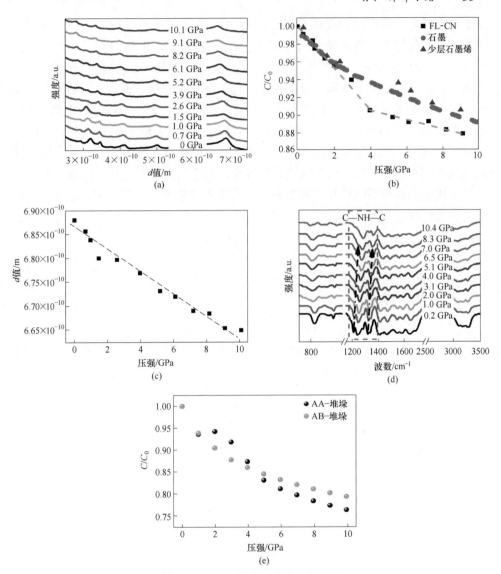

图 4-5 FL-CN 的高压晶格结构谱图

（a）FL-CN 在不同压强点的同步辐射图；（b）FL-CN、石墨和少层石墨烯沿着 c 轴方向的层间压缩率 C/C_0 随压强的变化图；（c）同步辐射衍射峰（100）面的间距随压强变化图；（d）FL-CN 在不同压强下的红外振动光谱图；（e）理论模拟 AA-堆垛，AB-堆垛碳氮样品沿着 c 轴方向的层间压缩率 C/C_0 的变化图

4.4 本章小结

本章研究了少层 $g\text{-}C_3N_4$ 样品在高压下的电子结构及其相关性质的变化。揭

示了压强导致层间作用增强的原因，进而调控了层间 π 电子分布，诱导 FL-CN 出现压致变色现象。通过紫外可见光谱、红外光谱，发现 FL-CN 在 6 MPa 压强下 N—H⋯π 作用增强，表明压强抑制了 $g\text{-}C_3N_4$ 的非辐射跃迁。结合光电流、荧光光谱，进一步证明了压强可以提高光生电子空穴对的复合效率，诱导出荧光增强现象。在更高压强下，少层碳氮样品的荧光颜色可从蓝色（434 nm）调控到黄色（550 nm）。有趣的是，当压强高于 3 GPa 时，研究发现 $g\text{-}C_3N_4$(002) 层间衍射峰随压强的变化出现异常的拐点，表现出比石墨更难压缩的性质，并伴随着出现明显的荧光强度降低、荧光峰宽化的现象，理论模拟表明这是层间发生滑移所导致。该结果表明层间相互作用在 FL-CN 光学性质中起了主要作用，进一步揭示了其荧光机理。

5 体材料 g-C$_3$N$_4$ 在高压下异常的荧光增强及其间接带隙到直接带隙转变

5.1 研究背景

相比于层间相互作用较弱，易受量子效应影响的单层材料，层状体材料更需要考虑其层与层之间的堆垛方式对电子结构、光学、机械性质的影响。特别是，调控层间相互作用可以诱导材料出现超导、磁学、荧光等性质[157-160]。转角石墨烯就是一个典型例子，当层与层间呈特定的角度时，在其费米能级附近会产生一条平带，能出现意想不到的超导现象[150]。2019 年报道发现，可以利用压强调控 CrI$_3$ 层间相互作用，其实现了层间不可逆的反铁磁到铁磁的转变[161]。人们在过渡金属硫族化合物（TMDs）MX$_2$（M=Mo、W；X=S、Se、Te）体系中发现，通过压强调控层间相互作用会导致其能带结构发生从间接到直接的转变，能出现异常的荧光增强现象[151,162-163]。

石墨相 g-C$_3$N$_4$，因其独特的物理、化学性质，在太阳能电池、催化等方面有着广泛的应用前景。由于 N 原子引入的孤对电子，使碳氮材料表现出不同于石墨的层间 π 电子分布。在 g-C$_3$N$_4$ 层内，多余的 N 上的电子占据氮桥和中心氮半满的 p$_z$ 轨道，导致半满轨道变为占据态，可能会诱发 g-C$_3$N$_4$ 带隙打开，表现出半导体性质。石墨相 g-C$_3$N$_4$ 具有以 3-三嗪环为结构单元的类石墨的片层结构，带隙大约为 2.7 eV 且具有较大的激子结合能，层间含有大量高度离域的 π 电子，使其具有优异的荧光性能。一般来说，实验中合成的体相 g-C$_3$N$_4$ 是间接带隙半导体，也就是导带的最低占据轨道的波矢与价带最高占据轨道的波矢不在相同的位置。在 g-C$_3$N$_4$ 体系中电子跃迁时，不仅需要吸收光子，还需要与晶格交换能量，进而降低了光的利用效率，因此严重限制了 g-C$_3$N$_4$ 在光催化与荧光材料领域的应用[30-32]。由此可见，将 g-C$_3$N$_4$ 的能带从间接带隙调控为直接带隙，必然可以为提高催化、光电转换效率带来突破性的进展。

从理论上讲，当层间关联增强形成共价键时，双层的 g-C$_3$N$_4$ 可以从间接带隙转变为直接带隙[164]。然而实际上，碳氮体系层间很难成键，即便层间成键也势必会导致层状结构被破坏。对于 g-C$_3$N$_4$ 来说，随着层间作用增强，p$_z$ 轨道相互排斥力增加，可能会诱导层间发生滑移或扭转等现象，进而引起电子结构的变化，很可能获得具有直接带隙结构的材料。因此，本书利用高压手段，结合原位荧光、XRD 和红外等光谱研究体材料 $g\text{-}C_3N_4$ 的层间相互作用，探究其光学性质随压强的演变过程。

5.2 实验与理论方法

5.2.1 高压实验方法

根据前人报道的实验方案合成高压样品体相 $g\text{-}C_3N_4$[76]。利用砧面大小为 400 μm 的 Mao-Bell 型 DAC，在室温下开展高压实验。样品放在孔径为 160 μm 的样品腔内，并通过红宝石荧光峰计算样品腔内压强。荧光测试所用的激发波长为 355 nm，入射光能量（约为 3.49 eV）远大于 $g\text{-}C_3N_4$ 的禁带宽度（2.7 eV），满足电子跃迁所需能量。采用硅油和硬压（无传压介质）两种方式测试高压荧光光谱，利用外置搭载的摄像机拍摄不同压强下样品的原位荧光照片。利用型号 VERTEX 80v 的红外光谱仪测试常压高压的红外振动峰，使用溴化钾作为传压介质测试高压红外光谱。采用上海张江光源测试同步辐射数据，其波长为 $\lambda = 0.6199 \times 10^{-10}$ m。

5.2.2 理论计算方法

利用 VASP 软件，模拟材料在各向同性加压下的结构变化。理论中交换关联函数选用广义梯度近似 PBE 泛函，投影平面波采用 PAW 方法，截断能为 520 eV[165]。利用 Materials Studio 软件建立滑移模型，层间滑移步长为 0.5×10^{-10} m，滑动总距离为 3.5×10^{-10} m，并计算各个结构的 XRD 数据。用 VESTA 软件对生成的结构绘制图片。

5.3 研究结果与讨论

为了研究高压对 $g\text{-}C_3N_4$ 结构的影响，本书运用分子动力学模拟 $g\text{-}C_3N_4$ 样品的高压结构变化。如图 5-1（a）和（b）所示，为 $g\text{-}C_3N_4$ 结构的侧视图和俯视图，石墨相 $g\text{-}C_3N_4$ 层内是由 C—N 共价键连接，层间主要是弱的范德瓦尔斯力相互作用。如图 5-1（c）所示，为 0~3 GPa 压强下的分子动力学模拟图像，研究发现，随着压强增加，原本 AA-堆垛的样品层间发生了明显的滑移，表明以 3-s-三嗪环为结构重复单元的富电子区域会向着紧邻层的空电子孔洞位置移动。事实上，在向石墨施加高压的过程中，也发现了层间滑移的现象，因此可以类比推断出这种类石墨结构的样品可能都会出现压强诱导的层间滑移现象[166-167]。碳氮样品作为高分子聚合物,其烧结聚合过程异常复杂,在合成样品中包含着各种各样堆垛方式的结构,比如 AA-堆垛和 AB-堆垛的结构。这就意味着在高压实验中很有可能观察到层间滑移的现象。

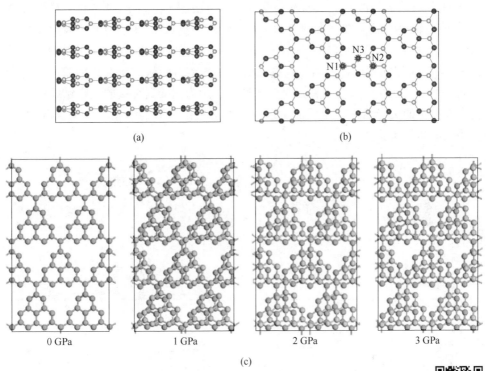

图 5-1 g-C_3N_4 的结构示意图
(a) 侧视图;(b) 俯视图;(c) 层间滑移现象图
(为了区别不同的 N 原子,本书把代表着氮桥、中心、芳香环上三种不等价的 N 原子分别标记为 N1,N2,N3)

图 5-1 彩图

图 5-2 为用 PBE 方法计算的不同层间滑移量的碳氮结构的能带与态密度图。因为在分子动力学模拟中,忽略周期性,考虑到 VASP 对其性质的计算,本书按照分子动力学观察到的碳氮样品滑移趋势,手动以 $0.5×10^{-10}$ m 为步长移动其中一层,建立类似分子动力学层间滑移的模型,计算能带与态密度。通过剪切实验解释高压下的层间滑移,笔者之前报道的石墨在高压下通过剪切实现的层间滑移模拟中也建立了相似的模型进行讨论。有意思的是,随着层间滑移,能带结构有剧烈的变化,并且出现了间接到直接的能带转变。如图 5-2(a)所示,对于初始结构的碳氮样品,导带底在 R 点主要是由 N2、N3 的 2p 轨道和 C 轨道构成,价带顶在 S 点是由 N3 轨道构成。这和前人文章报道一致,初始 g-C_3N_4 的能带结构是间接带隙。值得一提的是,当样品层间滑移了 $0.5×10^{-10}$ m 的时候,能带结构

发生了间接到直接的转变。价带顶和导带底都出现在了 R 点，按照压强推算大概对应分子动力学 0.7 GPa。而且伴随着层间滑移，结构也从正交相转为单斜结构。与原始能带结构进行对比，本书发现在导带底的中心 N 的 p_z 轨道和在价带顶的 N3 轨道都有明显的改变。根据态密度进一步分析图 5-2（c）和（d），导带底主要是由 p_z 轨道构成（红色和绿色线），p_z 轨道与离域 π 电子相关。因此通过层间滑移改变 C、芳香环与中心 N 的 p_z 轨道（CBM）和芳香环 N 的 2p 轨道（VBM）就可以实现能带从间接到直接的转变。不出所料，能带的转变可能会带来光学和电子性质的改变。特别是荧光性质，因为间接到直接的能带结构的转变会带来异常的荧光增强。为了证实这点，本书用已合成的体相 g-C_3N_4 材料做了一系列的高压实验。

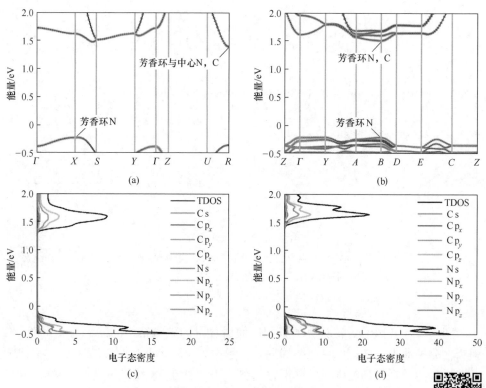

图 5-2 在 0 GPa 压强下碳氮样品的能带结构图（a）与相应的态密度图（c）以及层间滑移 $0.5×10^{-10}$ m 后变为直接带隙半导体的能带结构图（b）与相应的态密度图（d）

图 5-2 彩图

（投影态密度中绿色、橘色、蓝色和红色分别代表 C p_z、N p_x、N p_y、N p_z 轨道）

图 5-3（a）是 g-C_3N_4 的 XRD 衍射峰，可以看到两个特征衍射峰（002）和（100）。观察较宽的（002）面，意味着本书合成的样品是多种堆垛形式并存的

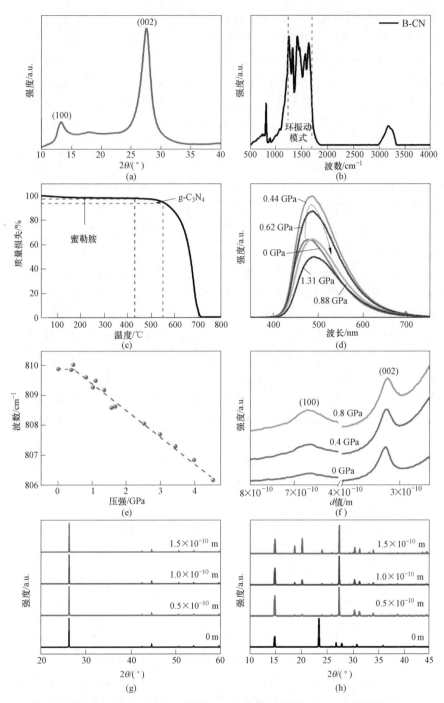

图 5-3 常压下 g-C$_3$N$_4$ 的 XRD 谱图 (a)、红外光谱图 (b)、热重谱图 (c)、高压荧光光谱图 (d)、红外层外呼吸振动模峰位随着压强变化的趋势图 (e)、同步辐射图 (f)、模拟 g-C$_3$N$_4$ 和石墨不同层间滑移的 XRD 谱图 (g) 和 (h)

g-C$_3$N$_4$ 结构。图 5-3（b）是 g-C$_3$N$_4$ 样品的红外光谱，1240～1700 cm^{-1} 是特征 C—N(—C)—C 环的红外振动峰。在 3000～3500 cm^{-1} 出现的较宽的峰代表着 N—H 振动模式。在 814 cm^{-1} 位置的红外峰是典型的三均三嗪环面外呼吸模。通过 XRD 与红外光谱分析，本书发现成功合成的样品确实为石墨相碳氮材料。图 5-3（c）为热重损失谱，根据前人文献报道的 430 ℃ 和 550 ℃ 的热损失峰代表着蜜勒胺和 g-C$_3$N$_4$ 的燃烧温度。通过热重损失谱来看，本书实验中获得的样品 g-C$_3$N$_4$ 含量高达 98%，确保了接下来的高压实验的可行性。通过施加压强，本书发现 g-C$_3$N$_4$ 在 0.44 GPa 时，出现了异常的荧光增强现象，荧光强度相对于常压样品将近提高了 70%，而后随着压强的提高荧光强度逐渐降低，如图 5-3（d）所示。结合本书之前的理论模拟，样品从间接到直接带隙的转变的压强点为 0.7 GPa，可以看出理论与实验的压强点很接近。另外在 0.44 GPa 时，红外光谱图 5-3（e）的层外呼吸模有一个明显的拐点，红外振动模式对于层间相互作用的改变非常敏感，在 0.44 GPa 出现的层间作用的拐点可能与层间滑移相关。此外，通过图 5-3（e）中的灰色标识线可以看出代表着呼吸模的振动峰位随压强呈线性变化。如图 5-3（d）所示，荧光能量随着压强变化的曲线中也出现了相似的拐点，图中箭头标识了荧光强度随着压强先增加后减弱的趋势。这些现象可能都是因为层间滑移引起 g-C$_3$N$_4$ 的能带结构从间接到直接带隙转变造成的。值得注意的是，层间滑移导致 g-C$_3$N$_4$ 从正交相向单斜相转变，虽然在图 5-3（f）中没有看到明显的相变证据。如图 5-3（g）所示，本书通过理论模拟分析，发现这种层间滑移并不会带来明显的 XRD 衍射峰的变化。同样，石墨也是如此，本书通过分析石墨的层间滑移 XRD 谱图，发现衍射峰几乎不变，如图 5-3（h）所示。这意味着，通过层间滑移，可以使 g-C$_3$N$_4$ 材料的能带结构从间接带隙转变为直接带隙。

表 5-1 分别拟合了压强点为 0 GPa 和 0.44 GPa 时的荧光峰位与强度，P1、P2 和 P3 分别对应 $\sigma^*\to$LP、$\pi^*\to$LP 和 $\pi^*\to\pi$ 三种跃迁路径。

表 5-1　压强点为 0 GPa、0.44 GPa 时的荧光峰位与峰强对比[31]

压强	峰位/nm			峰强		
	P1	P2	P3	P1	P2	P3
0 GPa	461	497	549	5934	7184	3425
0.44 GPa	467	505	559	9200	11011	4957

如图 5-4（a）和（b）所示，进一步加压导致荧光颜色从蓝色变为白色，通过色度图可以直观地看出。这是因为随着压强提升，能带减小，荧光也逐渐宽化，当压强达到 10.6 GPa 时，荧光坐标变为（0.34，0.36）正好位于白色发光区间的边缘。尽管这种白色荧光强度很低，但这是在碳氮体系中首次发现可以利

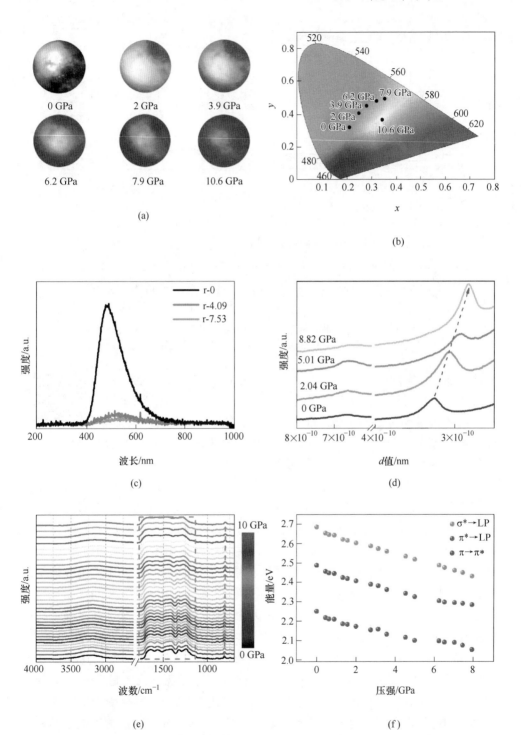

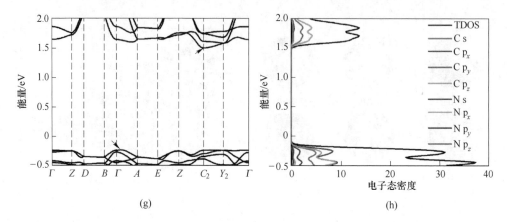

图 5-4 g-C_3N_4 在不同压强点的荧光图像 (a)、荧光的色度图 (b)、卸压以后的荧光光谱图 (c)、高压同步辐射光谱图 (d)、在不同压强点的红外光谱图 (e)、通过高斯拟合的荧光光谱的三种跃迁态随压强变化趋势图 (f)、层间滑移为 $1×10^{-10}$ m 时理论模拟的 g-C_3N_4 的能带结构图 (g) 和态密度图 (h)

(图 (e) 升压压强用颜色变化显示,红色虚线框表示的是 C—N(—C)—C 环的振动模,红色虚线表示的是面外呼吸随压强的变化)

用的压强调控实现白色发光的现象,为荧光调控实现白光发光(非掺杂的方法)提供了一种新的思路。如图 5-4(c)所示,当卸载压强后荧光回到蓝色,说明荧光的变化是可逆的。通过高压同步辐射图 5-4(d)分析,随着压强增加,g-C_3N_4 层间距离逐渐减小。高压红外光谱图 5-4(e)表明,随着压强增加,代表着 g-C_3N_4 骨架的 C—N(—C)—C 环的振动模保持线性变化,这意味着 g-C_3N_4 的层状结构在压强下基本保持不变,而且,层外呼吸模和 N—H 键的振动模式也没有明显变化。随着压强提升,层外呼吸振动模与代表着 g-C_3N_4 骨架的 C—N(—C)—C 的振动都向高波数移动,这意味层内三嗪环靠近,层间相互作用增强。通过红外和 XRD 光谱分析,在高压区 g-C_3N_4 仍然保持层状结构。因此可调的荧光变化应该是层间相互作用或者耦合造成的。层间距离减小使得 π-π 作用增强,就可能带来荧光的改变。如图 5-4(f)所示,为了进一步理解荧光变化,本书根据前人报道用高斯拟合了不同压强下的荧光光谱,其荧光峰为 σ^*→LP(461 nm,2.68 eV)、π^*→LP(497 nm,2.49 eV)和 π^*→π(549 nm,2.26 eV)[31],同样在 0.44 GPa 出现了明显的拐点,在高压下呈线性减小趋势。值得注意的是,π^*→π 随压强的移动要比 σ^*→LP 快很多,这是因为 p_z 轨道的电子更容易受到层间相互作用的影响。异常的荧光增强则是因为间接到直接带隙的转变,而这种能带结构的转变是低压下的层间滑移造成的。图 5-4(g)和(h)所示,在更高压强下,随着层间继续滑移,能带结构从直接带隙转变为间接带隙,进而使得荧光逐渐减弱。

5.4 本章小结

本章利用荧光光谱与理论模拟,探究不同层数的 g-C_3N_4 在高压下能带结构及其性质的变化。通过荧光光谱,发现体相 g-C_3N_4 出现压致荧光增强现象,相比于少层样品荧光增强时的压强提高至 0.44 GPa。在高压下,体相 g-C_3N_4 的荧光颜色还可以实现更大范围的调控,从蓝色调控到白色。相对于少层材料,g-C_3N_4 体材料中 N—H 键含量较低,因此其荧光增强机理也有所不同。分子动力学表明压强导致层间滑移进而使能带结构发生从间接到直接的转变。结合能带结构与态密度,证明层间滑移影响了 g-C_3N_4 中芳香性环的氮和碳原子上的电子特别是 π 电子的分布,导致了间接到直接带隙的转变,进而表现出不同于少层碳氮样品荧光增强的机理。该结果为碳氮材料的能带工程开辟了一条新的途径,该途径可以改善碳氮材料的光利用率,提高其光催化和光学性能。

6 单壁碳纳米管的高压聚合及其新结构

6.1 研究背景

碳原子具有丰富的杂化方式，能够形成 sp、sp^2 和 sp^3 杂化，进而构成了种类繁多的碳材料，比如石墨、石墨炔、富勒烯、碳纳米管、金刚石和蓝丝黛尔石等。在众多碳材料中，以 sp^3 杂化的碳具有优异的力学性能，在地质钻探、机械加工和石材加工等领域有广阔的应用前景。虽然金刚石作为典型的超硬材料被广泛的应用，但其价格昂贵，因此探究可替代的超硬材料且具备金刚石不具备的性质的新型碳材料一直是亟待解决的前沿课题。研究人员通过理论模拟，提出一系列潜在的超硬碳结构[105-106,168-169]，其中 M-carbon 与 Cco-C_8 的硬度媲美金刚石。Zhu 等人采用从头算方法报道了 tP12 碳，不仅硬度为 88.3 GPa，且禁带宽度高达 7.3 eV，是潜在的超硬绝缘体[170]。

不同于平面层状结构的石墨，单壁碳纳米管可看成是由单层石墨烯卷曲而成的具有中空管状结构的 sp^2 碳材料，管状结构中 p_z 轨道重新杂化成 sp^3 杂化轨道可使碳纳米管间发生聚合，进而形成新的具有优异力学性能的碳结构，其结构与碳纳米管直径、螺旋性密切相关，具有丰富的可调性。特别是，研究发现，通过管间聚合可以获得在常压下截获的 sp^3 新碳结构[109]。这不同于石墨在高压下形成的不可截获的后石墨相，虽然理论上提出了一系列可能的结构，但仍存在争议[171-173]。为了探究冷压碳纳米管获得的超硬碳结构，前人通过理论模拟，利用 (2, 2)、(4, 4) 碳纳米管聚合提出 Cco-C_8 碳[106]。众所周知，这两种碳纳米管太小，在实验中几乎不能获得。因此提出一种更加可信的超硬 sp^3 碳解释实验中压坏金刚石的现象是必要的。

综上所述，本书采用不同直径、螺旋性单壁碳纳米管作为前驱体，探究其在高压下的聚合过程，进而构筑新型超硬碳结构。前人研究报道的碳纳米管主要集中在扶手椅碳纳米管（$n=m$:2, 3, 4, 10）和之字形管（$n=3\sim10$, 0），但这些管径尺寸比较小，而实验中采用的管径大于 10×10^{-10} m，所以有必要模拟大尺寸的单壁碳纳米管在高压下的结构转变，也能更好地解释实验现象。本书中分别模拟了管径从 $4.07\times10^{-10} \sim 13.57\times10^{-10}$ m 的扶手椅形碳纳米管（n, m:3~10）和

管径从 $5.48\times10^{-10} \sim 15.67\times10^{-10}$ m 的之字形管（n:7~20，0）在高压下的结构转变，研究主要聚焦在三个方面：不同螺旋性和管径的碳纳米管的聚合过程、压强诱导碳纳米管聚合的新碳相与新碳结构的电子、力学性能。

6.2 理论计算方法

图 6-1 为高压模拟采用的碳纳米管的结构单元示意图。单壁碳纳米管模型是用 Materials Studio 软件构造的。扶手椅形、之字形碳纳米管的键长为 1.421×10^{-10} m。本书采用类似于静水压的各向同性的加压方式压缩碳纳米管。利用第一性原理方法计算结构变化和材料性质。采用 GGA 近似中的 PBE 形式作为交换关联能泛函，描述电子间的相互作用。利用杂化泛函（HSE06）精确计算了四种新碳相的能带结构。计算时选用的 K 点密度为（$2\pi\times0.4$ nm^{-1}）。能量收敛的精度为 10^{-5} eV，截断能为 500 eV。以 1 GPa 为步长，对碳纳米管施加压强，最高施加压强为 300 GPa。体积模量 B_0、剪切模量 G_0、杨氏模量 Y、泊松比 ν 和维氏硬度 HV 通过弹性常数矩阵 C_{ij} 获得。体积模量与剪切模量是采用 Voigt-Reuss-Hill 近似方法计算得到，公式详见 2.5.2.2 节。利用 QE（quantum espresso）软件计算新结构的红外拉曼振动谱。

图 6-1 高压碳纳米管的结构示意图

6.3 研究结果与讨论

如图 6-2 为体积随压强变化的曲线，发现随着压强增加，管与管或管内发生交连、成键，进而导致体积发生异常的塌缩，体积塌缩能够侧面反应结构的变化。如图 6-3 所示，不同直径、螺旋性的碳纳米管体积塌缩或聚合的压强点是不同的，研究发现小管径的碳纳米管随着压强增加，形状从圆形变为椭圆形，而较大管径的碳纳米管随着压强增加从圆形变为椭圆形再到赛道形，有时候也变为花

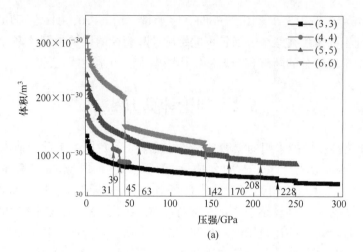

(a)

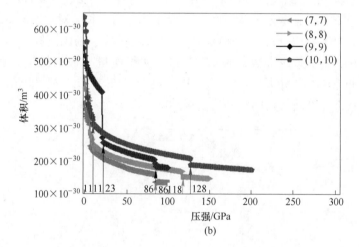

(b)

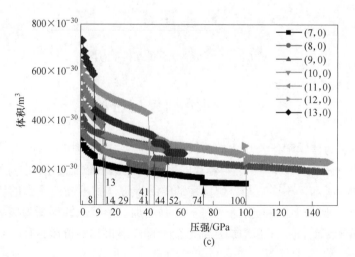

(c)

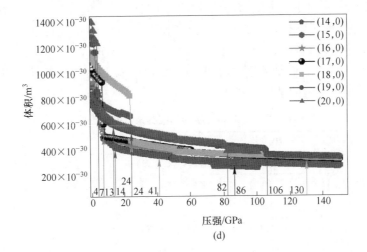

图 6-2 彩图

图 6-2 扶手椅形（(a) 和 (b)）和之字形（(c) 和 (d)）碳纳米管体积随压强变化图（竖线标记的位置是碳纳米管聚合的压强）

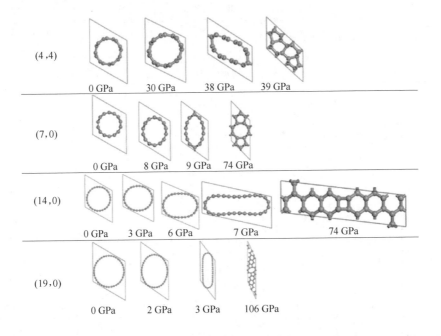

图 6-3 (4, 4)、(7, 0)、(14, 0)、(19, 0)单壁碳纳米管在压强下的结构塌缩与聚合变化图

生形，这与前人报道一致。进一步提高压强，碳纳米管之间的成键发生聚合最终形成 sp³ 的碳结构。表 6-1 给出了具体的碳纳米管的螺旋性、聚合晶体的空间群号、群名称、相名称、成键压强和对称性等信息，发现不同管径、螺旋性的碳纳

米管，成键压强、形成的碳结构各不相同。(3, 3)、(8, 0)、(11, 0)、(16, 0) 四种碳纳米管最终聚合形成石墨，而 (5, 5)、(6, 6)、(7, 7) 碳纳米管聚合形成立方金刚石结构，(13, 0) 碳纳米管聚合形成六方金刚石（蓝丝黛尔石）。对于 (14, 0) 碳纳米管聚合得到的 $Cco-C_{112}$ 碳相，与著者所在的课题组之前利用高压模拟报道的结构一致[174]。

表 6-1 手扶椅形和之字形的碳纳米管的基础信息表

序号	手扶椅形	IT 序号	空间群	相位	压强/GPa
1	(3, 3)	69	$Fmmm$（D_{2H}-23）	石墨	228
2	(4, 4)	10	$P2/m$（C_{2H}-1）	3-D (4, 4)	39
3	(5, 5)	227			208
4	(6, 6)	227	Fd-3m（O_H-7）	C-金刚石	142
5	(7, 7)	227			86
6	(8, 8)	10	$P2/m$（C_{2H}-P211）	3-D (8, 8)	118
7	(9, 9)	11	$P2_1/m$（C_{2H}-2）	3-D (9, 9)	86
8	(10, 10)	10	$P2/m$（C_{2H}-1）	3-D (10, 10)	128

序号	之字形	IT 序号	空间群	相位	压强/GPa
1	(7, 0)	63	$Cmcm$（D_{2H}-17）	3-D (7, 0)	74
2	(8, 0)	69	$Fmmm$（D_{2H}-23）	石墨	29
3	(9, 0)	193	$P6_3/mcm$（D_{6H}-3）	3-D (9, 0)	137
4	(10, 0)	10	$P2/m$（C_{2H}-1）	3-D (10, 0)	41
5	(11, 0)	69	$Fmmm$（D_{2H}-23）	石墨	14
6	(12, 0)	10	$P2/m$（C_{2H}-1）	3-D (12, 0)	100
7	(13, 0)	194	$P6_3/mmc$（D_{6H}-4）	H-金刚石	52
8	(14, 0)	66	$Cccm$（D_{2H}-20）	$Cco-C_{112}$	74
9	(15, 0)	11	$P2_1/m$（C_{2H}-2）	3-D (15, 0)	86
10	(16, 0)	69	$Fmmm$（D_{2H}-23）	石墨	7
11	(17, 0)	11	$P2_1/m$（C_{2H}-2）	3-D (17, 0)	61
12	(18, 0)	66	$Cccm$（D_{2H}-20）	3-D (18, 0)	130
13	(19, 0)	11	$P2_1/m$（C_{2H}-2）	3-D (19, 0)	106
14	(20, 0)	66	$Cccm$（D_{2H}-20）	3-D (20, 0)	82

如图 6-4 所示，为在压致聚合碳纳米管时获得的四种稳定的、新的碳结构。而 (8, 8)、(9, 9)、(10, 10)、(9, 0)、(10, 0)、(12, 0)、(15, 0)、(17, 0) 和 (18, 0) 碳纳米管聚合的结构都不稳定。因此，着重讨论这四种结构稳定的碳相，本书将 (4, 4)、(7, 0)、(19, 0) 和 (20, 0) 碳纳米管压致聚合得到

的碳相分别命名为 L-carbon、CM-carbon、K-carbon、Cco-C_{160}。通过声子色散谱可以看出在整个布里渊区没有虚频,这四种新碳相动力学稳定,通过计算其弹性常数矩阵(表 6-2~表 6-5),可以判断出这四种碳力学性能稳定。如图 6-4(a)所示,为四种新结构的直观俯视图,单斜相的 L-carbon 具有 P2/m 对称性,是由 5+6+7 环构成的拓扑结构,与 H-carbon、M-carbon、F-carbon 都有相似的 5+7 环;正交相的 CM-carbon 具有 Cmcm 对称性,是由 5+6+8 环构成的拓扑结构;单斜相的 K-carbon 具有 P2_1/m 对称性,是由 6+14 环构成的拓扑结构;正交相的 Cco-C_{160} 具有 Cccm 对称性,是由 4+6+8 环构成的拓扑结构。值得注意的是,Cco-C_{160} 和 Cco-C_{112} 具有相似的结构。键长可以侧面反应键能,本书统计了 L-carbon、CM-carbon、K-carbon 和 Cco-C_{160} 的平均键长,分别为 1.56×10^{-10} m、1.55×10^{-10} m、1.44×10^{-10} m 和 1.55×10^{-10} m。另外 L-carbon、K-carbon 和 Cco-C_{160} 的密度大约为 3.4 g/cm^3,CM-carbon 的密度为 3.3 g/cm^3。

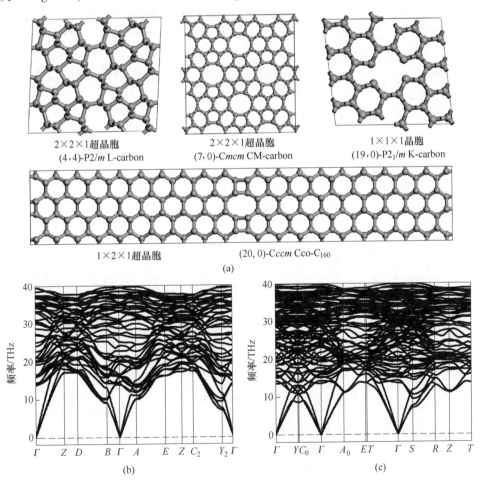

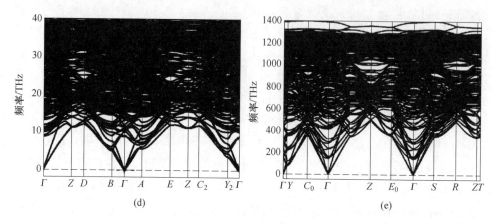

图 6-4 压致碳纳米管获得的四种不同的新型碳结构图（a）和 L-carbon、CM-carbon、K-carbon 和 C_{60}-C_{160} 的声子谱图（b）~（e）

表 6-2 单斜相 L-carbon 的弹性矩阵

C_{ij}	1	2	3	4	5	6
1	1248.798	74.340	190.786	0	−14.640	0
2	74.340	1330.058	122.298	0	44.999	0
3	190.786	122.298	1115.088	0	38.153	0
4	0	0	0	512.702	0	78.802
5	−14.640	44.999	38.153	0	507.502	0
6	0	0	0	78.802	0	502.108

表 6-3 正交相 CM-carbon 的弹性矩阵

C_{ij}	1	2	3	4	5	6
1	1377.494	260.564	71.719	0	0	−12.023
2	260.564	1378.607	74.281	0	0	−0.184
3	71.719	74.281	1595.201	0	0	−28.083
4	0	0	0	463.345	33.372	0
5	0	0	0	33.372	466.390	0
6	−12.023	−0.184	−28.083	0	0	429.253

表 6-4 单斜相 K-carbon 的弹性矩阵

C_{ij}	1	2	3	4	5	6
1	1553.345	61.689	257.064	0	0.722	0
2	61.689	1885.608	74.721	0	1.368	0

续表 6-4

C_{ij}	1	2	3	4	5	6
3	257.064	74.721	1638.242	0	6.931	0
4	0	0	0	525.104	0	−0.375
5	0.722	1.368	6.931	0	657.018	0
6	0	0	0	−0.375	0	523.359

表 6-5 正交相 Cco-C_{160} 的弹性矩阵

C_{ij}	1	2	3	4	5	6
1	1542.787	243.302	76.812	0	0	−3.265
2	243.302	1501.194	62.267	0	0	−0.370
3	76.812	62.267	1753.538	0	0	−1.271
4	0	0	0	524.860	1.171	0
5	0	0	0	1.171	511.460	0
6	−3.265	−0.370	−1.271	0	0	631.314

如图 6-5（a）所示，进一步对比四种稳定碳相与已报道的典型的七种碳焓差值随压强的变化。因为相对于其他碳，T-carbon 焓差太大，所以本书在插图表示 T-carbon 的焓差值变化。如图 6-5（b）所示，发现 L-carbon、CM-carbon、K-carbon 和 Cco-C_{160} 在大于 24.2 GPa、27.4 GPa、19 GPa 和 12.5 GPa 时相对于石墨具有更低的生成焓。而立方金刚石和 M-carbon 分别在大于 6.3 GPa 与 20 GPa 时，相对石墨具有更低的生成焓。图 6-5（c）表明 CM-carbon 与 Y-carbon、bct-C_4 碳有相似的焓差值曲线，在 58 GPa、134 GPa 以后 CM-carbon 相对于 Y-carbon、bct-C_4 碳焓值更低。L-carbon 与 7 种碳焓差值曲线很接近（H-carbon、J-carbon、M-carbon、R-carbon、S-carbon、W-carbon 和 X-carbon）。图 6-5（d）显示，L-carbon 相对于 X-carbon、J-carbon、S-carbon、M-carbon、W-carbon、H-carbon 和 R-carbon 在 55 GPa、87 GPa、116 GPa、207 GPa 和 225 GPa 以后具有更低的生成焓。K-carbon 焓差值随压强变化的曲线和 Cco-C_8、Z-carbon、C-carbon 很接近，而在 225 GPa、270 GPa 时候具有更低的生成焓。图 6-5（e）显示，C-carbon 的焓值比 K-carbon 在 300 GPa 压强范围内都要低。值得注意的是，Cco-C_{160} 要比实验中报道的 V-carbon 在 300 GPa 压强范围内具有更低的生成焓。综上所述，本书提出了四种焓值相对稳定的结构，其中 Cco-C_{160} 在已报道的碳结构中生成焓最低。

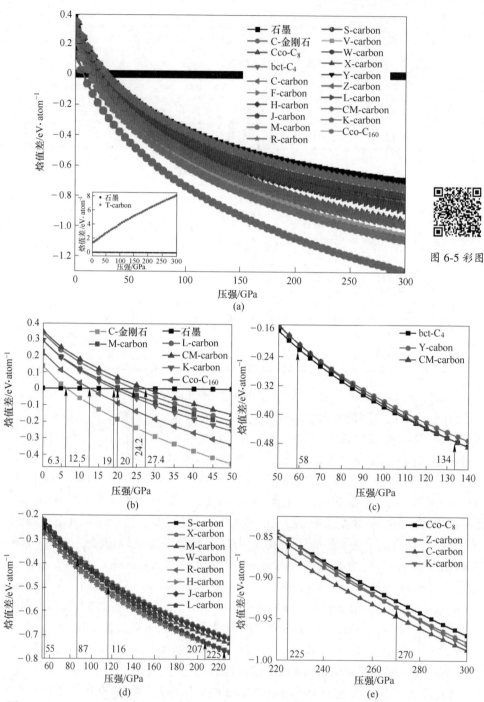

图 6-5　L-carbon、CM-carbon、K-carbon 和 Cco-C$_{160}$ 的焓值差随压强变化曲线图（a）（采用石墨的焓值作为基准，插图是 T-carbon 焓值差随压强的变化曲线）与其他碳的对比图(b)~(e)

为了研究新相的应用前景，本书分别计算了这四种新相的电子结构和力学性能。如图6-6所示，本书得到的四种新碳相 L-carbon、CM-carbon、K-carbon 和 Cco-C$_{160}$ 都是半导体材料，带隙分别为 5.24 eV、5.17 eV、2.57 eV 和 3.95 eV。表6-6 为这四种碳和一些典型的碳相的力学性能，发现本书报道的这四种新碳的体积模量、剪切模量和杨氏模量要远高于已报道的其他碳相。L-carbon、CM-carbon、K-carbon 和 Cco-C$_{160}$ 的体积模量分别为 496.21 GPa、573.80 GPa、651.16 GPa 和 617.89 GPa，高的体积模量意味着更难压缩。类比 C$_{60}$，因其特殊的 5+6 环结构具有高于立方金刚石近 3 倍的体积模量[175]，本书认为 L-carbon、CM-carbon、K-carbon 和 Cco-C$_{160}$ 这四种碳的高的力学性能可能和它们特殊的 5+6+7、5+6+8、6+14 和 4+6+8 环构成的拓扑结构相关。通过计算维氏硬度，发现 CM-carbon、Cco-C$_{160}$ 的硬度分别为 67.09 GPa、82.97 GPa，而 L-carbon 的维氏硬度为 83.1 GPa，可以媲美 Cco-C$_8$、C-carbon、F-carbon、H-carbon、J-carbon、M-carbon、

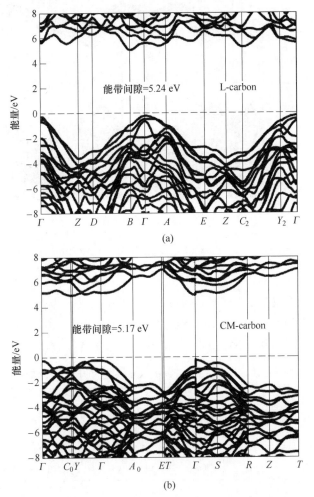

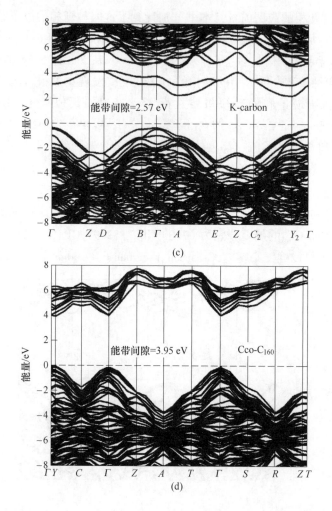

图 6-6 L-carbon（a）、CM-carbon（b）、K-carbon（c）和 $Cco-C_{160}$（d）的能带结构图

R-carbon、S-carbon、W-carbon、X-carbon、Y-carbon、Z-carbon 和 $Cco-C_{112}$。有趣的是，K-carbon 不仅带隙只有金刚石的一半大小，其硬度为 83 GPa 还可以媲美金刚石，可能是潜在的超硬光电材料。因此本书提出了 4 种力学性能优异的碳材料，它们具有难以压缩、出色的刚度和硬度。

表 6-6 L-carbon、CM-carbon、K-carbon、$Cco-C_{160}$ 和几种典型碳相的力学性能对比

序号	名称	IT序号	空间群	B_0	G_0	Y	ν	HV
1	石墨	194	$P6_3/mmc$（$D6_H$-4）	153.75	112.07	270	0.21	18.85
2	C-金刚石	227	Fd-$3m$（O_H-7）	449.61	532.11	1144	0.08	92.80
3	$Cco-C_8$	65	$Cmmm$（D_{2H}-19）	451.64	494.37	1086	0.10	80.74

续表6-6

序号	名称	IT序号	空间群	B_0	G_0	Y	ν	HV
4	bct-C4	139	I4/mmm（D_{4H}-17）	439.44	444.22	996	0.12	68.68
5	C-carbon	63	Cmcm（D_{2H}-17）	486.23	511.40	1135	0.11	78.53
6	F-carbon	10	P2/m（C_{2H}-1）	436.82	474.41	1044	0.10	78.00
7	H-carbon	55	Pbam（D_{2H}-9）	398.45	442.26	968	0.09	76.75
8	J-carbon	10	P2/m（C_{2H}-1）	433.43	470.25	1036	0.10	77.50
9	M-carbon	12	C2/m（C_{2H}-3）	483.70	478.79	1053	0.10	78.91
10	R-carbon	55	Pbam（D_{2H}-9）	430.27	462.28	1021	0.10	75.80
11	S-carbon	10	P2/m（C_{2H}-1）	435.20	471.43	1039	0.10	77.46
12	V-carbon	12	C2/m	412.27	478.77	1035	0.08	85.08
13	W-carbon	62	Pnma（D_{2H}-16）	399.39	451.92	984	0.09	79.60
14	X-carbon	15	C2/c（C_{2H}-6）	399.78	450.72	983	0.09	79.19
15	Y-carbon	64	Cmca（D_{2H}-18）	398.48	423.72	938	0.11	70.97
16	Z-carbon	65	Cmmm（D_{2H}-19）	411.94	463.22	1010	0.09	80.20
17	Cco-C_{112}	66	Cccm（D_{2H}-20）	417.35	464.99	1017	0.09	79.49
18	L-carbon	10	P2/m（C_{2H}-1）	496.21	523.00	1161	0.11	79.81
19	CM-carbon	63	Cmcm（D_{2H}-17）	573.80	523.95	1205	0.15	67.09
20	K-carbon	11	P2$_1$/m（C_{2H}-2）	651.16	640.97	1447	0.13	83.10
21	Cco-C_{160}	66	Cccm（D_{2H}-20）	617.89	618.42	1391	0.12	82.97

如图6-7和表6-7所示，本书计算了这四种超硬相的拉曼与红外光谱。图6-7（a）发现L-carbon有5个A_g和1个B_g拉曼振动模式，在1220 cm^{-1}波数的振动峰为典型的面外振动模式A_g，而其他的拉曼峰均为面内的振动模式。CM-carbon有4个A_g和1个B_g拉曼振动模式，这些拉曼振动模式与5+8圆环相关。K-carbon有5个A_g拉曼振动模式。对于4+6+8拓扑结构的Cco-C_{160}来说，在992 cm^{-1}和1371 cm^{-1}波数的振动峰为与8环振动相关的A_g模式，在1252 cm^{-1}波数的振动峰为与6环相关的A_g模式，在1329 cm^{-1}波数出现的振动峰为与6+8环相关的A_g模式。如图6-7（b）红外光谱显示，L-carbon有2个B_u红外振动模式，CM-carbon有2个A_u红外振动模式，K-carbon有3个A_u红外振动模式，Cco-C_{160}有2个A_u、1个B_u红外振动模式。

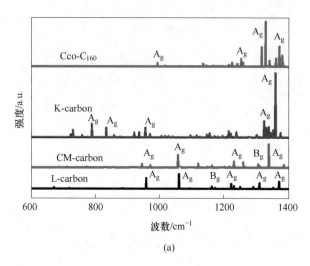

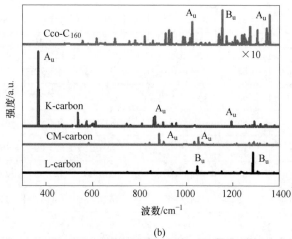

图 6-7　L-carbon、CM-carbon、K-carbon 和 Cco-C$_{160}$ 的拉曼光谱图（a）和红外光谱图（b）

表 6-7　L-carbon、CM-carbon、K-carbon 和 Cco-C$_{160}$ 的拉曼、红外振动的模式和频率

	L-carbon					
拉曼模式	A$_g$	A$_g$	B$_g$	A$_g$	A$_g$	A$_g$
频率	905	1060	1160	1120	1308	1370
红外模式	B$_u$	B$_u$				
频率	1046	1284				

续表 6-7

	CM-carbon					
拉曼模式	A_g	A_g	A_g	B_g	A_g	
频率	943	1055	1230	1305	1337	
红外模式	A_u	A_u				
频率	883	1051				

	K-carbon					
拉曼模式	A_g	A_g	A_g	A_g	A_g	
频率	789	833	954	1324	1360	
红外模式	A_u	A_u	A_u			
频率	367	866	1192			

	C_{co}-C_{160}					
拉曼模式	A_g	A_g	A_g	A_g		
频率	992	1252	1329	1371		
红外模式	A_u	B_u	A_u			
频率	1024	1153	1355			

前人通过冷压聚合的 (2, 2) 和 (4, 4) 碳纳米管,提出 sp^3 杂化的 C_{co}-C_8 超硬结构,以解释实验冷压碳纳米管压碎金刚石的现象。然而实验中比较稳定的碳纳米管的管径一般在 $10×10^{-10} \sim 20×10^{-10}$ m。扶手椅的 (2, 2) 和 (4, 4) 碳纳米管的管径为 $2.71×10^{-10}$ m 和 $5.43×10^{-10}$ m,这种大小的管径在实验中很难获得或者在常温常压下很不稳定。因此采用较大管径的碳纳米管开展理论研究更能匹配实验数据,进而本书选用了管径为 $15.67×10^{-10}$ m 的 (20, 0) 的碳纳米管探究其高压聚合而成的碳结构。如图 6-8 (a) 所示,为实验冷压纳米碳管与理论模拟 C_{co}-C_{160} 和 C_{co}-C_8 结构的 XRD 数据,发现 C_{co}-C_{160} 和 C_{co}-C_8 结构的 XRD 数据都可以很好地解释实验数据。但是实验中观察到的在 d 值为 $1.161×10^{-10}$ m (大概是 56 KeV) 的衍射峰,在 C_{co}-C_8 XRD 谱图中是观测不到的,而 C_{co}-C_{160} 却能很好地解释,表明实验中获得的超硬材料可能是 C_{co}-C_{160} 相。不仅如此,实验中测量的样品密度为 3.6 g/cm^3,这与 C_{co}-C_{160} 的密度 3.4 g/cm^3,C_{co}-C_8 (3.5 g/cm^3) 都很接近。因此本书认为 C_{co}-C_{160} 相比于 C_{co}-C_8 能更好地解释实验数据,是冷压碳纳米管合成超硬相的备选结构。如图 6-8 (b) 所示,本书计算了其他新相的 XRD 谱图,为进一步开展单壁碳纳米管的高压实验研究奠定了理论基础。

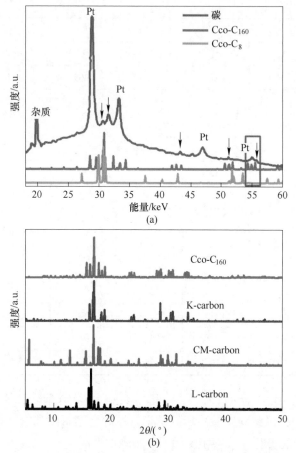

图 6-8 理论和实验的结构谱图

(a) 实验所得的冷压碳纳米管与理论模拟的 C_{co}-C_{160} 和 C_{co}-C_8 结构的 XRD 谱图；(b) 四种新相的碳结构 XRD 谱图

(XRD 模拟所用的激发光为 0.15418 nm)

6.4 本章小结

为了构筑兼具超硬、光学性质的新型碳基材料，本书利用单壁碳纳米管为研究对象，采用高压理论模拟的手段，获得了 4 种能带分布在 2.6~5.2 eV 的新的超硬碳结构。其中 (19, 0) 碳纳米管聚合而成的新碳相 K-carbon 的带隙只有金刚石的一半，硬度为 83 GPa 还可以媲美金刚石，可能是潜在的新型超硬多功能材料。前人实验报道的冷压碳纳米管获得的超硬碳相也可以用本书预测的 C_{co}-C_{160} 解释，该新碳结构可通过 (20, 0) 的碳纳米管聚合而成，展现出与实验更为吻合的 XRD 谱图，是实验超硬碳相的候选结构。该结果为构筑新型多功能超硬碳结构提供了理论基础。

参 考 文 献

［1］MAILHIOT C, YANG L H, MCMAHAN A K. Polymeric nitrogen ［J］. Phys. Rev. B Condens. Matter, 1992, 46 (22): 14419-14435.

［2］EREMETS M I, GAVRILIUK A G, TROJAN I A, et al. Single-bonded cubic form of nitrogen ［J］. Nat. Mater., 2004, 3 (8): 558-563.

［3］WANG X R, LI X L, ZHANG L, et al. N-Doping of graphene through electrothermal reactions with ammonia ［J］. Science, 2009, 324 (5928): 768-771.

［4］CUI T X, LV R T, HUANG Z H, et al. Synthesis of nitrogen-doped carbon thin films and their applications in solar cells ［J］. Carbon, 2011, 49 (15): 5022-5028.

［5］QU L T, LIU Y, BAEK J B, et al. Nitrogen-doped graphene as efficient metal-free electrocatalyst for oxygen reduction in fuel cells ［J］. ACS Nano, 2010, 4 (3): 1321-1326.

［6］REDDY A L M, SRIVASTAVA A, GOWDA S R, et al. Synthesis of Nitrogen-doped graphene films for lithium battery application ［J］. ACS Nano, 2010, 4 (11): 6337-6342.

［7］JEONG H M, LEE J W, SHIN W H, et al. Nitrogen-doped graphene for high-performance ultracapacitors and the importance of nitrogen-doped sites at basal planes ［J］. Nano Lett., 2011, 11 (6): 2472-2477.

［8］IRIFUNE T, KURIO A, SAKAMOTO S, et al. Materials-ultrahard polycrystalline diamond from graphite ［J］. Nature, 2003, 421 (6923): 599-600.

［9］BONACCORSO F, COLOMBO L, YU G H, et al. Graphene, related two-dimensional crystals, and hybrid systems for energy conversion and storage ［J］. Science, 2015, 347 (6217): 1246501-1246509.

［10］MAYOROV A S, GORBACHEV R V, MOROZOV S V, et al. Micrometer-scale ballistic transport in encapsulated graphene at room temperature ［J］. Nano Lett., 2011, 11 (6): 2396-2399.

［11］RAO C N R, SOOD A K, SUBRAHMANYAM K S, et al. Graphene: The new two-dimensional nanomaterial ［J］. Angew. Chem. Int. Edit., 2009, 48 (42): 7752-7777.

［12］TILLMANN W. Trends and market perspectives for diamond tools in the construction industry ［J］. International Journal of Refractory Metals & Hard Materials, 2000, 18 (6): 301-306.

［13］CHUNG D D L. Review graphite ［J］. J. Mater. Sci., 2002, 37 (8): 1475-1489.

［14］CHEN L, SHI G S, SHEN J, et al. Ion sieving in graphene oxide membranes via cationic control of interlayer spacing ［J］. Nature, 2017, 550 (7676): 415-418.

［15］WAN S, CHEN Y, FANG S, et al. High-strength scalable graphene sheets by freezing stretch-induced alignment ［J］. Nat. Mater., 2021, 20: 624-631.

［16］WAN S, CHEN Y, WANG Y, et al. Ultrastrong graphene films via long-chain π-bridging ［J］. Matter, 2019, 1 (2): 389-401.

［17］LIU Y, HAO W, YAO H Y, et al. Solution adsorption formation of a pi-conjugated polymer/

graphene composite for high-performance field-effect transistors [J]. Adv. Mater., 2018, 30 (3): 9: 1705377.

[18] AMSLER M, FLORES-LIVAS J A, LEHTOVAARA L, et al. Crystal structure of cold compressed graphite [J]. Phys. Rev. Lett., 2012, 108 (6): 065501.

[19] MAHMOOD J, LEE E K, JUNG M, et al. Nitrogenated holey two-dimensional structures [J]. Nat. Commun., 2015, 6 (7): 6486.

[20] ZHANG R Q, LI B, YANG J L. Effects of stacking order, layer number and external electric field on electronic structures of few-layer C_2N-h2D [J]. Nanoscale, 2015, 7 (33): 14062-14070.

[21] LONGUINHOS R, RIBEIRO-SOARES J. Stable holey two-dimensional C_2N structures with tunable electronic structure [J]. Phys. Rev. B, 2018, 97 (19): 195119.

[22] MIYAURA K, MIYATA Y, THENDIE B, et al. Extended-conjugation π-electron systems in carbon nanotubes [J]. Scientific Reports, 2018, 8 (1): 8098.

[23] LI Y, ZHANG M, ZHOU L, et al. Recent advances in surface-modified g-C_3N_4-based photocatalysts for H_2 production and CO_2 reduction [J]. Acta Physico-Chimica Sinica, 2021, 37 (6): 200903.

[24] WU Y, SUN Q, YU D, et al. One-step fabrication of few-layer g-C_3N_4 by pressure quenching and investigation of its exfoliating effect [J]. Chemical Engineering Science, 2021, 233: 116395.

[25] YANG X, TIAN Z, CHEN Y, et al. In situ synthesis of 2D ultrathin cobalt doped g-C_3N_4 nanosheets enhances photocatalytic performance by accelerating charge transfer [J]. Journal of Alloys and Compounds, 2021, 859 (1): 157754.

[26] LU J P. Elastic properties of carbon nanotubes and nanoropes [J]. Phys. Rev. Lett., 1997, 79 (7): 1297-1300.

[27] YU M F, LOURIE O, DYER M J, et al. Strength and breaking mechanism of multiwalled carbon nanotubes under tensile load [J]. Science, 2000, 287 (5453): 637-640.

[28] PENG B, LOCASCIO M, ZAPOL P, et al. Measurements of near-ultimate strength for multiwalled carbon nanotubes and irradiation-induced crosslinking improvements [J]. Nat. Nanotechnol., 2008, 3 (10): 626-631.

[29] FILLETER T, BERNAL R, LI S, et al. Ultrahigh strength and stiffness in cross-linked hierarchical carbon nanotube bundles [J]. Adv. Mater., 2011, 23 (25): 2855-2860.

[30] ZHANG Y H, PAN Q W, CHAI G Q, et al. Synthesis and luminescence mechanism of multicolor-emitting g-C_3N_4 nanopowders by low temperature thermal condensation of melamine [J]. Scientific Reports, 2013, 3 (8): 01943.

[31] YUAN Y W, ZHANG L L, XING J, et al. High-yield synthesis and optical properties of g-C_3N_4 [J]. Nanoscale, 2015, 7 (29): 12343-12350.

[32] DAS D, SHINDE S L, NANDA K K. Temperature-dependent photoluminescence of g-C_3N_4: Implication for temperature sensing [J]. ACS Appl. Mater. Interfaces, 2016, 8 (3):

2181-2186.

[33] YANG X, WU G, ZHOU J, et al. Single-walled carbon nanotube bundle under hydrostatic pressure studied by first-principles calculations [J]. Phys. Rev. B, 2006, 73 (23): 1-6.

[34] BRAGA S F, GALVAO D S. Single wall carbon nanotubes polymerization under compression: An atomistic molecular dynamics study [J]. Chemical Physics Letters, 2006, 419 (4-6): 394-399.

[35] ZHAO X W, ZHANG K, WANG J X, et al. Structural transformation of single wall carbon nanotube bundles under pressure [J]. Math. Mech. Solids, 2010, 15 (7): 744-754.

[36] TETER D M, HEMLEY R J. Low-compressibility carbon nitrides [J]. Science, 1996, 271 (5245): 53-55.

[37] WANG X C, MAEDA K, THOMAS A, et al. A metal-free polymeric photocatalyst for hydrogen production from water under visible light [J]. Nat. Mater., 2009, 8 (1): 76-80.

[38] KROKE E, SCHWARZ M, HORATH-BORDON E, et al. Tri-s-triazine derivatives. Part I. from trichloro-tri-s-triazine to graphitic C_3N_4 structures [J]. New J. Chem., 2002, 26 (5): 508-512.

[39] JüRGENS B, IRRAN E, SENKER J, et al. Melem (2, 5, 8-triamino-tri-s-triazine), an important intermediate during condensation of melamine rings to graphitic carbon nitride: synthesis, structure determination by X-ray powder diffractometry, solid-state NMR, and theoretical studies [J]. J. Am. Chem. Soc., 2003, 125 (34): 10288-10300.

[40] LOTSCH B V, SCHNICK W. From triazines to heptazines: Novel nonmetal tricyanomelaminates as precursors for graphitic carbon nitride materials [J]. Chem. Mat., 2006, 18 (7): 1891-1900.

[41] GRACIA J, KROLL P. Corrugated layered heptazine-based carbon nitride: the lowest energy modifications of C_3N_4 ground state [J]. J. Mater. Chem., 2009, 19 (19): 3013-3019.

[42] LIN L H, OU H H, ZHANG Y F, et al. Tri-s-triazine-based crystalline graphitic carbon nitrides for highly efficient hydrogen evolution photocatalysis [J]. ACS Catal., 2016, 6 (6): 3921-3931.

[43] WILDER J W G, VENEMA L C, RINZLER A G, et al. Electronic structure of atomically resolved carbon nanotubes [J]. Nature, 1998, 391 (6662): 59-62.

[44] EBBESEN T W, LEZEC H J, HIURA H, et al. Electrical conductivity of individual carbon nanotubes [J]. Nature, 1996, 382 (6586): 54-56.

[45] MINTMIRE J W, DUNLAP B I, WHITE C T. Are fullerene tubules metallic? [J]. Phys. Rev. Lett., 1992, 68 (5): 631-634.

[46] RAO, RICHTER, BANDOW, et al. Diameter-selective raman scattering from vibrational modes in carbon nanotubes [J]. Science, 1997, 275 (5297): 187-191.

[47] RAO A M, CHEN J, RICHTER E, et al. Effect of van der Waals interactions on the Raman modes in single walled carbon nanotubes [J]. Phys. Rev. Lett., 2001, 86 (17): 3895-3898.

[48] THOMSEN C, REICH S. Doable resonant Raman scattering in graphite [J]. Phys. Rev.

Lett. , 2000, 85 (24): 5214-5217.

[49] BROWN S D M, JORIO A, DRESSELHAUS M S, et al. Observations of the D-band feature in the Raman spectra of carbon nanotubes [J]. Phys. Rev. B, 2001, 64 (7): 073403.

[50] SAITO R, JORIO A, FILHO A G S, et al. Probing phonon dispersion relations of graphite by double resonance Raman scattering [J]. Phys. Rev. Lett. , 2002, 88 (2): 027401.

[51] FERRARI A C. Raman spectroscopy of graphene and graphite: Disorder, electron-phonon coupling, doping and nonadiabatic effects [J]. Solid State Commun. , 2007, 143 (1-2): 47-57.

[52] BROWN S D M, JORIO A, CORIO P, et al. Origin of the Breit-Wigner-Fano lineshape of the tangential G-band feature of metallic carbon nanotubes [J]. Phys. Rev. B, 2001, 63 (15): 155414.

[53] PIMENTA M, MARUCCI A, EMPEDOCLES S A, et al. Raman modes of metallic carbon nanotubes [J]. Phys. Rev. B, 1998, 58 (24): R16016-R16019.

[54] ONG W J, TAN L L, NG Y H, et al. Graphitic carbon nitride ($g-C_3N_4$)-based photocatalysts for artificial photosynthesis and environmental remediation: Are we a step closer to achieving sustainability? [J]. Chem. Rev. , 2016, 116 (12): 7159-7329.

[55] DONG G P, ZHANG Y H, PAN Q W, et al. A fantastic graphitic carbon nitride ($g-C_3N_4$) material: Electronic structure, photocatalytic and photoelectronic properties [J]. J. Photochem. Photobiol. C-Photochem. Rev. , 2014, 20: 33-50.

[56] ZENG Y X, LIU C B, WANG L L, et al. A three-dimensional graphitic carbon nitride belt network for enhanced visible light photocatalytic hydrogen evolution [J]. J. Mater. Chem. A, 2016, 4 (48): 19003-19010.

[57] XUE J, MA S, ZHOU Y, et al. Facile photochemical synthesis of $Au/Pt/g-C_3N_4$ with plasmon-enhanced photocatalytic activity for antibiotic degradation [J]. ACS Appl. Mater. Interfaces, 2015, 7 (18): 9630-9637.

[58] LIU J, WANG H Q, CHEN Z P, et al. Microcontact-printing-assisted access of graphitic carbon nitride films with favorable textures toward photoelectrochemical application [J]. Adv. Mater. , 2015, 27 (4): 712-718.

[59] XIE Z J, FENG Y P, WANG F L, et al. Construction of carbon dots modified $MoO_3/g-C_3N_4$ Z-scheme photocatalyst with enhanced visible-light photocatalytic activity for the degradation of tetracycline [J]. Appl. Catal. B-Environ. , 2018, 229: 96-104.

[60] ZHAO W, XIE L, ZHANG M, et al. Enhanced photocatalytic activity of all-solid-state $g-C_3N_4/Au/P25$ Z-scheme system for visible-light-driven H_2 evolution [J]. International Journal of Hydrogen Energy, 2016, 41 (15): 6277-6287.

[61] LIU J H, LI W F, DUAN L M, et al. A graphene-like oxygenated carbon nitride material for improved cycle-life lithium/sulfur batteries [J]. Nano Lett. , 2015, 15 (8): 5137-5142.

[62] WANG D H, PAN J N, LI H H, et al. A pure organic heterostructure of mu-oxo dimeric iron (Ⅲ) porphyrin and graphitic-C_3N_4 for solar H_2 roduction from water [J]. J Mater. Chem. A,

2016, 4 (1): 290-296.

[63] ZHANG Z, JIANG D, LI D, et al. Construction of $SnNb_2O_6$ nanosheet/g-C_3N_4 nanosheet two-dimensional heterostructures with improved photocatalytic activity: Synergistic effect and mechanism insight [J]. Applied Catalysis B: Environmental, 2016, 183: 113-123.

[64] XIAO J, XIE Y, NAWAZ F, et al. Dramatic coupling of visible light with ozone on honeycomb-like porous g-C_3N_4 towards superior oxidation of water pollutants [J]. Applied Catalysis B: Environmental, 2016, 183: 417-425.

[65] WANG K, LI Q, LIU B, et al. Sulfur-doped g-C_3N_4 with enhanced photocatalytic CO_2-reduction performance [J]. Applied Catalysis B: Environmental, 2015, 176-177: 44-52.

[66] CUI Y J, DING Z X, FU X Z, et al. Construction of conjugated carbon nitride nanoarchitectures in solution at low temperatures for photoredox catalysis [J]. Angew. Chem. Int. Edit., 2012, 51 (47): 11814-11818.

[67] MONTIGAUD H, TANGUY B, DEMAZEAU G, et al. C_3N_4: Dream or reality? Solvothermal synthesis as macroscopic samples of the C_3N_4 graphitic form [J]. J. Mater. Sci., 2000, 35 (10): 2547-2552.

[68] GUO Q X, XIE Y, WANG X J, et al. Synthesis of carbon nitride nanotubes with the C_3N_4 stoichiometry via a benzene-thermal process at low temperatures [J]. Chem. Commun., 2004, 1: 26-27.

[69] CUI J G, QI D W, WANG X. Research on the techniques of ultrasound-assisted liquid-phase peeling, thermal oxidation peeling and acid-base chemical peeling for ultra-thin graphite carbon nitride nanosheets [J]. Ultrason. Sonochem., 2018, 48: 181-187.

[70] KHABASHESKU V N, ZIMMERMAN J L, MARGRAVE J L. Powder synthesis and characterization of amorphous carbon nitride [J]. Chem. Mat., 2000, 12 (11): 3264-3270.

[71] ZIMMERMAN J L, WILLIAMS R, KHABASHESKU V N, et al. Synthesis of spherical carbon nitride nanostructures [J]. Nano Lett., 2001, 1 (12): 731-734.

[72] KOMATSU T. Prototype carbon nitrides similar to the symmetric triangular form of melon [J]. J. Mater. Chem., 2001, 11 (3): 802-805.

[73] BAI X J, LI J, CAO C B. Synthesis of hollow carbon nitride microspheres by an electrodeposition method [J]. Appl. Surf. Sci., 2010, 256 (8): 2327-2331.

[74] LU Q J, DENG J H, HOU Y X, et al. One-step electrochemical synthesis of ultrathin graphitic carbon nitride nanosheets and their application to the detection of uric acid [J]. Chem. Commun., 2015, 51 (61): 12251-12253.

[75] NOVOSELOV K S, GEIM A K, MOROZOV S V, et al. Electric field effect in atomically thin carbon films [J]. Science, 2004, 306 (5696): 666-669.

[76] NIU P, ZHANG L L, LIU G, et al. Graphene-like carbon nitride nanosheets for improved photocatalytic activities [J]. Adv. Funct. Mater., 2012, 22 (22): 4763-4770.

[77] YANG S B, GONG Y J, ZHANG J S, et al. Exfoliated graphitic carbon nitride nanosheets as efficient catalysts for hydrogen evolution under visible light [J]. Adv. Mater., 2013, 25

(17): 2452-2456.

[78] LU X L, XU K, CHEN P Z, et al. Facile one step method realizing scalable production of g-C_3N_4 nanosheets and study of their photocatalytic H_2 evolution activity [J]. J. Mater. Chem. A, 2014, 2 (44): 18924-18928.

[79] FENG D, CHENG Y, HE J, et al. Enhanced photocatalytic activities of g-C_3N_4 with large specific surface area via a facile one-step synthesis process [J]. Carbon, 2017, 125: 454-463.

[80] LEE E Z, JUN Y S, HONG W H, et al. Cubic mesoporous graphitic carbon (Ⅳ) nitride: An all-in-one chemosensor for selective optical sensing of metal ions [J]. Angew. Chem. Int. Edit., 2010, 49 (50): 9706-9710.

[81] LEE E Z, LEE S U, HEO N S, et al. A fluorescent sensor for selective detection of cyanide using mesoporous graphitic carbon (Ⅳ) nitride [J]. Chem. Commun., 2012, 48 (33): 3942-3944.

[82] ZHANG X D, XIE X, WANG H, et al. Enhanced photoresponsive ultrathin graphitic-phase C_3N_4 nanosheets for bioimaging [J]. J. Am. Chem. Soc., 2013, 135 (1): 18-21.

[83] GAN Z, SHAN Y, CHEN J, et al. The origins of the broadband photoluminescence from carbon nitrides and applications to white light emitting [J]. Nano Research, 2016, 9 (6): 1801-1812.

[84] TANG W H, TIAN Y, CHEN B W, et al. Supramolecular copolymerization strategy for realizing the broadband white light luminescence based on N-deficient porous graphitic carbon nitride (g-C_3N_4) [J]. ACS Appl. Mater. Interfaces, 2020, 12 (5): 6396-6406.

[85] LIU A Y, COHEN M L. Prediction of new low compressibility solids [J]. Science, 1989, 245 (4920): 841-842.

[86] 李雪飞, 杨大鹏, 张剑, 等. 石墨相g-C_3N_4的高温高压研究 [J]. 原子与分子物理学报, 2009, 26 (4): 705-707.

[87] YANG Z X, HU K, MENG X W, et al. Tuning the band gap and the nitrogen content in carbon nitride materials by high temperature treatment at high pressure [J]. Carbon, 2018, 130: 170-177.

[88] FANG L M, OHFUJI H, SHINMEI T, et al. Experimental study on the stability of graphitic C_3N_4 under high pressure and high temperature [J]. Diam. Relat. Mat., 2011, 20 (5/6): 819-825.

[89] FAN Q Y, CHAI C C, WEI Q, et al. Two novel C_3N_4 phases: Structural, mechanical and electronic properties [J]. Materials, 2016, 9 (6): 427.

[90] MING L C, ZININ P, MENG Y, et al. A cubic phase of C_3N_4 synthesized in the diamond-anvil cell [J]. J. Appl. Phys., 2006, 99 (3): 033520.

[91] KOJIMA Y, OHFUJI H. Structure and stability of carbon nitride under high pressure and high temperature up to 125 GPa and 3000 K [J]. Diam. Relat. Mat., 2013, 39 (10): 1-7.

[92] 马海云, 刘福生, 李永宏, 等. 强冲击条件下g-C_3N_4向β-C_3N_4直接转化 [J]. 高压物理学报, 2012, 26 (3): 319-324.

[93] WANG Y G, LIU F S, LIU Q J, et al. Recover of C_3N_4 nanoparticles under high-pressure by shock wave loading [J]. Ceram. Int., 2018, 44 (16): 19290-19294.

[94] GAO X, YIN H, CHEN P W, et al. Shock-induced phase transition of g-C_3N_4 to a new C_3N_4 phase [J]. J. Appl. Phys., 2019, 126 (15): 155901.

[95] KANG X D, KANG Y Y, HONG X X, et al. Improving the photocatalytic activity of graphitic carbon nitride by thermal treatment in a high-pressure hydrogen atmosphere [J]. Prog. Nat. Sci., 2018, 28 (2): 183-188.

[96] YANG Z X, CHU D L, JIA G R, et al. Significantly narrowed bandgap and enhanced charge separation in porous, nitrogen-vacancy red g-C_3N_4 for visible light photocatalytic H_2 production [J]. Appl. Surf. Sci., 2020, 504: 144407.

[97] YANG Z, ZHOU Y, CHU D, et al. Crystallized phosphorus/carbon composites with tunable PC bonds by high pressure and high temperature [J]. Journal of Physics and Chemistry of Solids, 2019, 130: 250-255.

[98] VENKATESWARAN U D, RAO A M, RICHTER E, et al. Probing the single-wall carbon nanotube bundle: Raman scattering under high pressure [J]. Phys. Rev. B, 1999, 59 (16): 10928-10934.

[99] TEREDESAI P V, SOOD A K, MUTHU D V S, et al. Pressure-induced reversible transformation in single-wall carbon nanotube bundles studied by Raman spectroscopy [J]. Chemical Physics Letters, 2000, 319 (3/4): 296-302.

[100] SHARMA S M, KARMAKAR S, SIKKA S K, et al. Pressure-induced phase transformation and structural resilience of single-wall carbon nanotube bundles [J]. Phys. Rev. B, 2001, 63 (20): 205417.

[101] ROLS S, GONCHARENKO I N, ALMAIRAC R, et al. Polygonization of single-wall carbon nanotube bundles under high pressure [J]. Phys. Rev. B, 2001, 64 (15): 1534011-1534014.

[102] ABOUELSAYED A, THIRUNAVUKKUARASU K, HENNRICH F, et al. Role of the pressure transmitting medium for the pressure effects in single-walled carbon nanotubes [J]. Journal of Physical Chemistry C, 2010, 114 (10): 4424-4428.

[103] THIRUNAVUKKUARASU K, HENNRICH F, KAMARAS K, et al. Infrared spectroscopic studies on unoriented single-walled carbon nanotube films under hydrostatic pressure [J]. Phys. Rev. B, 2010, 81 (4): 045424 (1-12).

[104] YILDIRIM T, GULSEREN O, KILIC C, et al. Pressure-induced interlinking of carbon nanotubes [J]. Phys. Rev. B, 2000, 62 (19): 12648-12651.

[105] ZHANG M, LIU H Y, DU Y H, et al. Orthorhombic C_{32}: a novel superhard sp^3 carbon allotrope [J]. Phys. Chem. Chem. Phys., 2013, 15 (33): 14120-14125.

[106] ZHAO Z S, XU B, ZHOU X F, et al. Novel superhard carbon: C-centered orthorhombic C_8 [J]. Phys. Rev. Lett., 2011, 107 (21): 695-699.

[107] POPOV M, KYOTANI M, KOGA Y. Superhard phase of single wall carbon nanotube: comparison

with fullerite C_{60} and diamond [J]. Diam. Relat. Mat. , 2003, 12 (3/4/5/6/7): 833-839.

[108] PATTERSON J R, VOHRA Y K, WEIR S T, et al. Single-wall carbon nanotubes under high pressures to 62 GPa studied using designer diamond anvils [J]. Journal of Nanoscience and Nanotechnology, 2001, 1 (2): 143-147.

[109] WANG Z W, ZHAO Y S, TAIT K, et al. A quenchable superhard carbon phase synthesized by cold compression of carbon nanotubes [J]. Proc. Natl. Acad. Sci. , 2004, 101 (38): 13699-13702.

[110] YANG Z X, MAHMOOD J, NIU S F, et al. Anomalous phonon softening of G-band in compressed graphitic carbon nitride due to strong electrostatic repulsion [J]. Appl. Phys. Lett. , 2021, 118 (2): 023103 (1-6).

[111] WU X Y, SHI X H, YAO M G, et al. Superhard three-dimensional carbon with metallic conductivity [J]. Carbon, 2017, 123: 311-317.

[112] SNIDER E, DASENBROCK-GAMMON N, MCBRIDE R, et al. Room-temperature superconductivity in a carbonaceous sulfur hydride [J]. Nature, 2020, 586 (7829): 373-377.

[113] BU K J, LUO H, GUO S H, et al. Pressure-regulated dynamic stereochemical role of lone-pair electrons in layered Bi_2O_2S [J]. J. Phys. Chem. Lett. , 2020, 11 (22): 9702-9707.

[114] GUO S H, ZHAO Y S, BU K J, et al. Pressure-suppressed carrier trapping leads to enhanced emission in two-dimensional perovskite (HA) (2) (GA) Pb_2I_7 [J]. Angew. Chem. Int. Edit. , 2020, 59 (40): 17533-17539.

[115] SHINODA K, YAMAKATA M, NANBA T, et al. High-pressure phase transition and behavior of protons in brucite $Mg(OH)_2$: A high-pressure-temperature study using IR synchrotron radiation [J]. Physics and Chemistry of Minerals, 2002, 29 (6): 396-402.

[116] CUI H, PIKE R D, KERSHAW R, et al. Syntheses of Ni_3S_2, Co_9S_8, and ZnS by the decomposition of diethyldithiocarbamate complexes [J]. Journal of Solid State Chemistry, 1992, 101 (1): 115-118.

[117] ABBOUDI M, MOSSET A. Synthesis of dtransition metal sulfides from amorphous dithiooxamide complexes [J]. Journal of Solid State Chemistry, 1994, 109 (1): 70-73.

[118] BREEN M L, DINSMORE A D, PINK R H, et al. Sonochemically produced ZnS-coated polystyrene core-shell particles for use in photonic crystals [J]. Langmuir, 2001, 17 (3): 903-907.

[119] JONES R O, GUNNARSSON O. The density functional formalism, its applications and prospects [J]. Reviews of Modern Physics, 1989, 61 (3): 689-746.

[120] PERDEW J P, WANG Y. Pair-distribution function and its coupling-constant average for the spin-polarized electron gas [J]. Physical review B, Condensed matter, 1992, 46 (20): 12947-12954.

[121] PERDEW J P, BURKE K, ERNZERHOF M. Generalized gradient approximation made simple [J]. Phys. Rev. Lett. , 1996, 77 (18): 3865-3868.

[122] HAMMER B, HANSEN L B, NORSKOV J K. Improved adsorption energetics within density-

functional theory using revised Perdew-Burke-Ernzerhof functionals [J]. Phys. Rev. B, 1999, 59 (11): 7413-7421.

[123] HAINES J, LEGER J M, BOCQUILLON G. Synthesis and design of superhard materials [J]. Ann. Rev. Mater. Res., 2001, 31: 1-23.

[124] WENTORF R H, DEVRIES R C, BUNDY F P. Sintered superhard materials [J]. Science, 1980, 208 (4446): 873-880.

[125] DUBROVINSKAIA N, DUBROVINSKY L, SOLOZHENKO V L. Comment on "synthesis of ultra-incompressible superhard rhenium diboride at ambient pressure" [J]. Science, 2007, 318 (5856): 1550.

[126] GAO F M, HE J L, WU E D, et al. Hardness of covalent crystals [J]. Phys. Rev. Lett., 2003, 91 (1): 015502.

[127] SIMUNEK A, VACKAR J. Hardness of covalent and ionic crystals: First-principle calculations [J]. Phys. Rev. Lett., 2006, 96 (8): 085501.

[128] LI K Y, WANG X T, ZHANG F F, et al. Electronegativity identification of novel superhard materials [J]. Phys. Rev. Lett., 2008, 100 (23): 188-191.

[129] CHEN X Q, NIU H Y, LI D Z, et al. Modeling hardness of polycrystalline materials and bulk metallic glasses [J]. Intermetallics, 2011, 19 (9): 1275-1281.

[130] LEWIS N S, NOCERA D G. Powering the planet: Chemical challenges in solar energy utilization [J]. Proc. Natl. Acad. Sci., 2006, 103 (43): 15729-15735.

[131] LIN C Y, ZHANG D T, ZHAO Z H, et al. Covalent organic framework electrocatalysts for clean energy conversion [J]. Adv. Mater., 2018, 30 (5): 16.

[132] ZHANG W H, MOHAMED A R, ONG W J. Z-scheme photocatalytic systems for carbon dioxide reduction: Where are we now? [J]. Angew. Chem. Int. Edit., 2020, 59 (51): 22894-22915.

[133] SHI Y K, HU X J, ZHAO J T, et al. CO oxidation over Cu_2O deposited on 2D continuous lamellar g-C_3N_4 [J]. New J. Chem., 2015, 39 (8): 6642-6648.

[134] REN Y H, HAN Q Z, ZHAO Y H, et al. The exploration of metal-free catalyst g-C_3N_4 for NO degradation [J]. J. Hazard. Mater., 2021, 404: 124153.

[135] LIU J, LIU Y, LIU N Y, et al. Metal-free efficient photocatalyst for stable visible water splitting via a two-electron pathway [J]. Science, 2015, 347 (6225): 970-974.

[136] LIN L H, YU Z Y, WANG X C. Crystalline carbon nitride semiconductors for photocatalytic water splitting [J]. Angew. Chem. Int. Edit., 2019, 58 (19): 6164-6175.

[137] WANG H M, ZHOU W, LI P, et al. Enhanced visible-light-driven hydrogen production of carbon nitride by band structure tuning [J]. Journal of Physical Chemistry C, 2018, 122 (30): 17261-17267.

[138] CHEN Y, WANG B, LIN S, et al. Activation of $n \rightarrow \pi^*$ transitions in two-dimensional conjugated polymers for visible light photocatalysis [J]. Journal of Physical Chemistry C, 2014, 118 (51): 29981-29989.

[139] XIA P F, ZHU B C, YU J G, et al. Ultra-thin nanosheet assemblies of graphitic carbon nitride for enhanced photocatalytic CO_2 reduction [J]. J. Mater. Chem. A, 2017, 5 (7): 3230-3238.

[140] PANNERI S, GANGULY P, NAIR B N, et al. Role of precursors on the photophysical properties of carbon nitride and its application for antibiotic degradation [J]. Environ. Sci. Pollut. Res., 2017, 24 (9): 8609-8618.

[141] HO W, ZHANG Z, LIN W, et al. Copolymerization with 2, 4, 6-triaminopyrimidine for the rolling-up the layer structure, tunable electronic properties, and photocatalysis of g-C_3N_4 [J]. ACS Appl. Mater. Interfaces, 2015, 7 (9): 5497-5505.

[142] DONG F, WU L, SUN Y, et al. Efficient synthesis of polymeric g-C_3N_4 layered materials as novel efficient visible light driven photocatalysts [J]. J. Mater. Chem., 2011, 21: 15171-15174.

[143] FANG J W, FAN H Q, LI M M, et al. Nitrogen self-doped graphitic carbon nitride as efficient visible light photocatalyst for hydrogen evolution [J]. J. Mater. Chem. A, 2015, 3 (26): 13819-13826.

[144] CAO S, FAN B, FENG Y, et al. Sulfur-doped g-C_3N_4 nanosheets with carbon vacancies: General synthesis and improved activity for simulated solar-light photocatalytic nitrogen fixation [J]. Chemical Engineering Journal, 2018, 353: 147-156.

[145] RADISAVLJEVIC B, WHITWICK M B, KIS A. Integrated circuits and logic operations based on single-layer MoS_2 [J]. ACS Nano, 2011, 5 (12): 9934-9938.

[146] SHI W, KAHN S, JIANG L L, et al. Reversible writing of high-mobility and high-carrier-density doping patterns in two-dimensional van der Waals heterostructures [J]. Nat. Electron., 2020, 3 (2): 99-105.

[147] MA Z, LIU Z, LU S, et al. Pressure-induced emission of cesium lead halide perovskite nanocrystals [J]. Nat. Commun., 2018, 9 (1): 4506.

[148] AHTAPODOV L, TODOROVIC J, OLK P, et al. Astory told by a single nanowire: Optical properties of wurtzite GaAs [J]. Nano Lett., 2012, 12 (12): 6090-6095.

[149] BAI L, BOSE P, GAO Q, et al. Halogen-assisted piezochromic supramolecular assemblies for versatile haptic memory [J]. J. Am. Chem. Soc., 2017, 139 (1): 436-441.

[150] CAO Y, FATEMI V, FANG S, et al. Unconventional superconductivity in magic-angle graphene superlattices [J]. Nature, 2018, 556: 43-50.

[151] DOU X, DING K, JIANG D, et al. Tuning and identification of interband transitions in monolayer and bilayer molybdenum disulfide using hydrostatic pressure [J]. ACS Nano, 2014, 8 (7): 7458-7464.

[152] CHAN C Y K, ZHAO Z J, LAM J W Y, et al. Efficient light emitters in the solid state: Synthesis, aggregation-induced emission, electroluminescence, and sensory properties of luminogens with benzene cores and multiple triarylvinyl peripherals [J]. Adv. Funct. Mater., 2012, 22 (2): 378-389.

[153] ZHOU Y J, ZHANG L X, HUANG W M, et al. N-doped graphitic carbon-incorporated g-C_3N_4 for remarkably enhanced photocatalytic H_2 evolution under visible light [J]. Carbon, 2016, 99: 111-117.

[154] RUAN L W, ZHU Y J, QIU L G, et al. First principles calculations of the pressure affection to g-C_3N_4 [J]. Comput. Mater. Sci. , 2014, 91: 258-265.

[155] CLARK S M, JEON K-J, CHEN J-Y, et al. Few-layer graphene under high pressure: Raman and X-ray diffraction studies [J]. Solid State Commun. , 2013, 154: 15-18.

[156] HANFLAND M, BEISTER H, SYASSEN K. Graphite under pressure: Equation of state and first-order Raman modes [J]. Phys. Rev. B, 1989, 39 (17): 12598-12603.

[157] WANG Z J, DONG J, LI L, et al. The coalescence behavior of two-dimensional materials revealed by multiscale in situ imaging during chemical vapor deposition growth [J]. ACS Nano, 2020, 14 (2): 1902-1918.

[158] NIU J J, WANG J Y, HE Z J, et al. Electrical transport in nanothick $ZrTe_5$ sheets: From three to two dimensions [J]. Phys. Rev. B, 2017, 95 (3): 035420.

[159] ZHAO C L, DING F X, LU Y X, et al. High-entropy layered oxide cathodes for sodium-ion batteries [J]. Angew. Chem. Int. Edit. , 2020, 59 (1): 264-269.

[160] ZHOU X, HU X Z, YU J, et al. 2D Layered material-based van der Waals heterostructures for optoelectronics [J]. Adv. Funct. Mater. , 2018, 28 (14): 28.

[161] LI T X, JIANG S W, SIVADAS N, et al. Pressure-controlled interlayer magnetism in atomically thin CrI_3 [J]. Nat. Mater. , 2019, 18 (12): 1303-1308.

[162] ZHANG Y, CHANG T R, ZHOU B, et al. Direct observation of the transition from indirect to direct bandgap in atomically thin epitaxial $MoSe_2$ [J]. Nat Nanotechnol, 2014, 9 (2): 111-115.

[163] WANG L, KUTANA A, YAKOBSON B I. Many-body and spin-orbit effects on direct-indirect band gap transition of strained monolayer MoS_2 and WS_2 [J]. Ann. Phys. (Berlin), 2014, 526 (9/10): L7-L12.

[164] XIAO X B, YE Q, LIU Z F, et al. Electric field controlled indirect-direct-indirect band gap transition in monolayer InSe [J]. Nanoscale Res. Lett. , 2019, 14 (1): 322.

[165] WU F, LIU Y F, YU G X, et al. Visible-light-absorption in graphitic C_3N_4 bilayer: Enhanced by interlayer coupling [J]. J. Phys. Chem. Lett. , 2012, 3 (22): 3330-3334.

[166] KHALIULLIN R Z, ESHET H, KUHNE T D, et al. Nucleation mechanism for the direct graphite-to-diamond phase transition [J]. Nat. Mater. , 2011, 10 (9): 693-697.

[167] DONG J J, YAO Z, YAO M G, et al. Decompression-induced diamond formation from graphite sheared under pressure [J]. Phys. Rev. Lett. , 2020, 124 (6): 065701.

[168] LI Q, MA Y M, OGANOV A R, et al. Superhard monoclinic polymorph of carbon [J]. Phys. Rev. Lett. , 2009, 102 (17): 175506.

[169] TIAN F, DONG X, ZHAO Z S, et al. Superhard F-carbon predicted by ab initio particle-swarm optimization methodology [J]. J. Phys. Condes. Matter, 2012, 24 (16): 165504.

[170] ZHU Q, OGANOV A R, SALVADO M A, et al. Denser than diamond: Ab initio search for superdense carbon allotropes [J]. Phys. Rev. B, 2011, 83 (19): 193410.

[171] LI D, BAO K, TIAN F, et al. Lowest enthalpy polymorph of cold-compressed graphite phase [J]. Phys. Chem. Chem. Phys., 2012, 14 (13): 4347-4350.

[172] SELLI D, BABURIN I A, MARTONAK R, et al. Superhardsp (3) carbon allotropes with odd and even ring topologies [J]. Phys. Rev. B, 2011, 84 (16): 161411.

[173] WANG J T, CHEN C F, KAWAZOE Y. Low-temperature phase transformation from graphite to sp^3 orthorhombic carbon [J]. Phys. Rev. Lett., 2011, 106 (7): 075501.

[174] LI Y, YAO Z, XU C Y, et al. Dynamical behavior and high-pressure study of C-20@ Tube peapod structure [J]. Mater. Res. Express, 2019, 6 (8): 085028.

[175] RUOFF R S, RUOFF A L. The bulk modulus of C_{60} molecules and crystals: A molecular mechanics approach [J]. Appl. Phys. Lett., 1991, 59 (13): 1553-1555.